水电 EPC 项目建设安全管理理论与实践

郭绪元 等 著

·北京·

内 容 提 要

《水电 EPC 项目建设安全管理理论与实践》是国内水电工程 EPC 项目安全管理的重要初探。本书以杨房沟水电站为样板工程，通过文献与实地调研，研究水电 EPC 项目安全管理模式、安全风险管理、安全管理职责划分、安全管理组织网络、安全生产责任及清单管理等内容，从 EPC 项目安全管理理论、安全风险系统、安全生产责任与清单体系等方面对水电工程 EPC 项目安全管理进行探讨，提出先进的安全管理绩效测评系统框架与 PDCA 管理模式，形成水电 EPC 项目安全生产责任清单与负面清单，以指导其他水电工程 EPC 项目的安全管理工作。

本书可供从事水电工程建设的业主、施工、设计、监理、调试和运营等单位相关技术、管理人员使用。

图书在版编目（CIP）数据

水电EPC项目建设安全管理理论与实践 / 郭绪元等著. -- 北京 : 中国水利水电出版社, 2021.9
ISBN 978-7-5170-9871-3

Ⅰ. ①水… Ⅱ. ①郭… Ⅲ. ①水利水电工程－安全管理 Ⅳ. ①TV513

中国版本图书馆CIP数据核字(2021)第169931号

书　　名	**水电 EPC 项目建设安全管理理论与实践** SHUIDIAN EPC XIANGMU JIANSHE ANQUAN GUANLI LILUN YU SHIJIAN
作　　者	郭绪元　等 著
出版发行	中国水利水电出版社 （北京市海淀区玉渊潭南路 1 号 D 座　100038） 网址：www. waterpub. com. cn E-mail：sales@waterpub. com. cn 电话：（010）68367658（营销中心）
经　　售	北京科水图书销售中心（零售） 电话：（010）88383994、63202643、68545874 全国各地新华书店和相关出版物销售网点
排　　版	中国水利水电出版社微机排版中心
印　　刷	天津嘉恒印务有限公司
规　　格	170mm×240mm　16 开本　9.75 印张　186 千字
版　　次	2021 年 9 月第 1 版　2021 年 9 月第 1 次印刷
定　　价	**52.00** 元

编 委 会

序

水电是技术成熟、运行灵活的清洁低碳可再生能源，经济、社会、生态效益显著，在我国的能源结构中占有非常重要的地位。随着经济和社会不断发展，我国对于能源的需求持续快速增长，随之而来的能源与环境问题也越加突出。加快水电等清洁可再生能源的开发利用，成为我国经济社会可持续发展的必然选择。随着国家“一带一路”倡议与“碳达峰、碳中和”目标的提出，为我国水电发展创建了新的契机，推动水电建设进入新的科学发展阶段。杨房沟水电站是国家清洁能源重大工程，是“十四五”开局之年投产的大型水电项目。杨房沟水电站的建成投产，践行了大型水电项目的现代化科学管理与实践，为助力国家绿色低碳发展，服务国家能源安全，实现国家“碳达峰、碳中和”目标作出了积极贡献。

近年来，我国政府出台了一系列相关政策法规，在工程建设领域积极推行设计采购施工总承包（EPC）模式。目前，EPC 模式已成为工程建设组织管理模式的发展趋势，具有内耗低、责任边界明确、建设单位协调工作量少、建设单位工作难度低等优势。水电建设项目由于其施工周期长、参建单位多、施工环境恶劣、地质灾害频发、交叉作业情况复杂、大型机械设备同时工作等特点，致使水电建设项目建设过程中人员伤亡事故时有发生，这对其安全管理提出了更高的要求。杨房沟水电站是国内首个百万千瓦级 EPC 项目，开启了水电行业建设管理模式的新变革，开创了 EPC 建设管理模式的成功实践，获得行业内外的高度评价，被业内誉为“第二次鲁布革冲击”。项目实现了安全与质量事故“双零”目标。

由雅砻江流域水电开发有限公司和三峡大学组成的研究团队，以杨房沟水电工程为项目依托，建立了国内水电行业首份 EPC 项目安全生产责任清单和负面清单，优化了项目安全管理组织网络及岗位职责，建立了安全风险识别、评估及预控措施管理办法及安全风险预警系统。梳理了杨房沟水电站安全风险清册，创新研发了基于 PDCA－SDCA

循环管理机制的安全管理绩效测评系统框架。最后以水电工程 EPC 项目安全责任清单和负面清单为依据，在安全管理组织网络及岗位职责架构基础上，构建了风险分级管控与隐患排查双重预防机制，为水电 EPC 项目建设安全管理理论与实践提供重要参考依据，也必将有力推动水电 EPC 总承包建设管理模式的完善与发展。

张晖

2021 年 6 月

前言

杨房沟水电站是雅砻江干流中游两河口—卡拉河段水电规划一库七级开发第6个梯级水电站，总装机容量为150万kW，工程枢纽主要由最大坝高155m的混凝土双曲拱坝、泄洪消能建筑物和引水发电系统组成。杨房沟水电站为国内首个百万千瓦以上规模采用设计采购施工总承包（EPC）模式的建设项目，开辟国内百万千瓦级大型水电站建设管理先河，被业内誉为“第二次鲁布革冲击”。

考虑到EPC项目安全管理在责任划分、安全管理内容和深度、安全管理方式选择等方面与传统项目承包模式不同，而且大型水电工程EPC项目在国内缺乏成熟的安全管理经验，本书通过文献综述、实地调研、系统分析等方法，充分吸取国内外EPC项目先进的安全管理方式，对水电EPC项目安全管理模式、安全风险管理、安全管理职责划分、安全管理组织网络、安全生产责任及清单管理等方面进行研究；从EPC项目安全管理环境、安全风险系统、安全管理组织体系对水电工程EPC项目安全管理进行探讨，提出先进的安全管理绩效测评系统框架与测量手段，建立适应水电工程EPC项目的PDCA管理模式，形成EPC项目安全管理体系文件清单；以增强总承包商安全履职的自律性和风险控制能力，实现以杨房沟水电站为样板工程的安全管理目标和工程建设目标，并为其他水电工程实施EPC项目的安全管理提供借鉴。

本书共包括6章2个附录，分别为：

第1章　背景，主要介绍我国推行工程总承包的发展历程，水电EPC建设安全管理的意义、概念及发展，综述了EPC项目安全管理研究现状，阐明了EPC模式下项目安全管理的优势与存在的问题。

第2章　水电EPC项目建设安全管理相关理论，系统介绍了水电EPC项目安全管理模式、安全风险管理、安全生产责任管理及清单管理的重要理论。

第3章　EPC项目安全管理组织网络及岗位职责，主要构建杨房沟水电工程EPC项目业主安全管理组织网络，明确各岗位的安全生产职责与规定。

第4章　水电EPC项目安全生产责任清单与负面清单编制依据，以水电工程EPC项目安全责任清单和负面清单为依据，在安全管理组织网络及岗位职责架构基础上，总结安全管理体系文件编制依据与清单使用指南。

第5章　水电EPC项目安全风险管理信息化，重点依托杨房沟水电工程EPC项目，介绍水电EPC项目安全生产风险数据库、在线管控平台、监控系统、辅助系统的建立，以及安全风险管理信息化实施效果。

第6章　水电EPC项目安全管理绩效评价，主要建立水电EPC项目安全绩效管理模式及模型框架，构建安全绩效管理体系，提出PDCA-SDCA循环管理模式。

附录1　杨房沟水电EPC项目安全生产责任清单与附录2杨房沟水电EPC项目安全生产责任负面清单，在重点阐明水电工程EPC项目安全生产责任的法理依据与实证分析的基础上，建立水电工程EPC项目安全生产责任清单与负面清单。

本书编写的原则如下：

（1）2000年以前发布的相关法律、法规和标准，本书原则上不选入。

（2）2001—2005年发布的相关法律、法规和标准，仍在执行中且无替代的，已编入；其他法律、法规和标准原则上不入选。

（3）2005年以后发布的相关法律、法规和标准，全部入选。

（4）为了保证本书涉及相关法律、法规和标准的全面性和时效性，截至2020年9月进入报批稿阶段且2021年以后发布实施的相关法律、法规和标准相应更新。

本书在编写过程中得到三峡大学与国家自然科学基金面上项目（51878385）的大力支持与帮助，在此一并感谢。鉴于水平所限，书中难免存在疏漏或错误之处，恳请广大读者批评指正。

编　者

2021年6月

目录

1 背 景

1.1 我国推行工程总承包的发展历程

水电工程EPC总承包是指从事水电工程总承包的企业受业主委托，按照合同约定对水电工程项目的勘察、设计、采购、施工、试运行等实行全过程的承包。工程总承包企业按照合同约定对水电工程项目的质量、工期、造价等向业主负责，也可依法将所承包工程中的部分工程发包给具有相应资质的分包企业，分包企业按照分包合同的约定对总承包企业负责。EPC总承包是一种以向业主交付最终产品和服务为目的，对整个工程项目实行整体构思，全面安排，协调运行，前后衔接的承包体系。

中华人民共和国成立以来，我国水电工程建设项目管理体制大体经过三个发展阶段：

第一阶段（1950—1965年），学习国外模式，实行以建设单位为主的甲、乙、丙三方制，甲方（建设单位）由政府部门组建，乙方（设计单位）和丙方（施工单位）分别由各自的主管部门管理。设计、制造、施工任务分别由各自上级主管部门下达，建设单位自行负责建设项目的全过程管理。项目实施过程中的许多技术、经济问题，都由政府部门直接协调和组织解决。

第二阶段（1965—1984年），建设项目的组织形式大都以工程指挥部为主。指挥部一般由相关政府部门、建设单位联合组成，指挥部专门负责建设期间的设计、采购、施工的管理，建成后移交生产部门。这种模式在某些行业一直延续到20世纪80年代末。

第三阶段（1984年以后），水电建筑市场放开，进入学习西方工程项目管理方式阶段。除了实行工程承包制、招投标制、合同制、法人负责制、工程监理制以外，探索、推行工程总承包是进入该阶段的重要标志。

党的十一届三中全会以后，国家大量引进国外先进技术和成套设备，同时，国外资金和工程承包商也进入中国市场，给中国带来了国际通行的项目管理和工程承包方式。为克服工程建设传统模式存在的超概算、拖工期等诸多弊端，以设计为主导的工程总承包，从20世纪80年代初拉开帷幕。水电工程EPC总承包模式，在产业链整合、专业化服务、设计引领、信息集成等方面具有显著优势；在设计、生产、施工、运行维护等过程中实现信息实时共享，保证数据的唯一性、准确性、全面性。EPC总承包模式对承包商的能力和水平是一个检验，也是承包商综合能力的体现。企业要在竞争激烈的总承包市场中抢占先机，不但要有一流的施工技术，更要具备强大的融资能力、深化设计能力、设备采购能力、项目管理能力及社会资源的整合能力等，才能够具备为建设方提供总承包管理服务的条件。

近50年的历史告诉我们，随着市场经济的发展和改革开放的不断深入，传统的设计—招标—施工管理模式已不能满足当前水电工程建设发展的需要。因此，为提高我国工程建设的管理水平，加快与国际工程承包管理方式的接轨，提高我国水电企业的国际竞争力，在我国积极推广水电工程EPC总承包具有重要的现实意义。

（1）EPC总承包模式是深化我国工程建设项目组织实施方式改革，提高工程建设管理水平，保证工程的质量、安全、工期和投资效益，整顿和规范建筑市场秩序的重要措施；是适应社会经济发展水平、实现建设科学管理的社会分工的重大进步。运用市场经济和项目管理的客观规律以改进设计、采购、施工、试运行各环节的脱节，以及“工期马拉松，投资无底洞”的状况。

（2）EPC总承包模式是勘测、设计、施工企业调整经营结构，增强综合实力，加快与国际工程承包或管理方式接轨的必然要求；能有效改善勘测、设计、施工企业功能单一、业务领域窄、融资能力差、组织结构不合理、不具备为业主提供工程建设全过程承包和服务的能力等问题。

（3）EPC总承包模式是我国项目管理行业学习国际上先进的项目管理理论的重要途径，是与国际管理模式接轨的必然趋势。有利于贯彻“走出去”战略，增强企业的国际竞争力，提高企业的国际影响力，促进在国际总承包市场上占有更多份额。

（4）EPC总承包模式是实现资源优化配置、减少工程造价、降低项目风险的有效途径。节省业主管理项目的人力、物力、财力；易于协调各方关系，减少设计、施工、采购各环节的变更、纠纷和索赔；促进分工的专业化，提高工作效率。通过减少招标费用，强化费用控制、质量、安全和进度管理来实现优化设计、减少造价、保证工期和质量、安全、降低风险。

（5）EPC总承包模式能培养更多高素质的复合型管理人才。项目管理人员要胜任工作，不但要有较高的专业水平和独立思考、分析和解决问题的能力，而且要有广阔的知识面，能广泛涉猎其他专业知识，有开阔的视野。同时，项目建设是一个各方通力合作、协同共进的过程，这就要求管理人员有超群的沟通能力和公共关系能力，甚至是出众的领导才华来协调各方关系。工程总承包无疑为培养和造就这方面的高素质人才提供了广阔的舞台，创造了良好的机会，能促进经验的传承和人才的塑造。

（6）EPC总承包模式能够极大地促进现代技术的应用。总承包项目是一个庞大的系统，为了使各项工作有条不紊地进行，各个部门并行不悖，提高工作效率，必须融入现代先进科学技术的元素，更好地进行信息、资源、资金和风险等的管理，这也就推动了计算机技术、信息技术、网络技术和自动化技术等现代技术的应用，加快了管理现代化的步伐。

1.2 水电EPC项目建设安全管理概述

水电是技术成熟、运行灵活的清洁低碳可再生能源，具有防洪、供水、航运、灌溉等综合利用功能，经济效益、社会效益、生态效益显著，也是我国发展较早、开发较为充分的可再生能源品种。

随着经济和社会不断发展，我国对于能源的需求持续快速增长，随之而来的能源与环境问题也越加突出。加快水电等清洁可再生能源的开发利用，成为我国经济社会可持续发展的必然选择。作为清洁可再生能源，水电在我国的能源结构中占有非常重要的地位。“一带一路”倡议的推出，为水电工程建设发展创造新的契机。在这样的形势和背景下，我国的水电建设不断取得巨大成就，水电开发事业蓬勃发展、水能资源有序开发，水电建设进入新的发展阶段，我国开始主导大型水电项目管理与实践。

根据最新的水能资源普查结果，我国江河水能理论蕴藏量为6.94亿kW、年理论发电量为6.08万亿kW·h，水能理论蕴藏量居世界第一位；我国水能资源的技术可开发量为5.42亿kW、年发电量为2.47万亿kW·h，经济可开发量为4.02亿kW、年发电量为1.75万亿kW·h，均名列世界第一。水电工程技术居世界先进水平，形成了规划、设计、施工、装备制造、运行维护等全产业链整合能力。

2020年，水电总装机容量达到3.8亿kW，其中常规水电为3.4亿kW，抽水蓄能为4000万kW，年发电量为1.25万亿kW·h，折合标煤约3.75亿t，在非化石能源消费中的比重保持在50%以上。预计2025年全国水电装机容量达到4.7亿kW，其中常规水电为3.8亿kW，抽水蓄能约9000万kW；年发电量为1.4万亿kW·h。此外，电站建设对改善当地基础设施建设、拉动就业、促进城镇化发展都具有积极作用；对减轻大气污染和控制温室气体排放将起到重要的作用。

近年来，我国政府出台了一系列相关政策法规，在工程建设领域积极推行设计采购施工总承包（EPC）模式。目前，EPC模式已成为工程建设组织管理模式的发展趋势，具有内耗低、责任边界明确、建设单位协调工作量少、建设单位工作难度低等优势，在水电建设项目中也发挥着重要的作用。但水电建设项目由于其施工周期长、施工环境恶劣、地质灾害频发、参建单位多、作业情况交叉复杂、大型机械设备同时工作等特点，致使水电建设项目建设周期中人员伤亡事故时有发生，这对其安全管理提出了更高的要求。

《建设项目工程总承包管理规范》（GB/T 50358—2017）的颁布实施，对工程总承包管理的组织、项目策划、项目设计管理、项目采购管理、项目施工管理、项目试运行管理、项目风险管理、项目进度管理、项目质量管理、项目费用管理、项目安全与职业健康和环境管理、项目资源管理、项目沟通与信息管理、项目合同管理、项目收尾管理更具有系统性、适用性和实践指导性；对提高建设项目工程总承包管理水平，促进建设项目工程总承包管理的规范化，推进建设项目工程总承包管理与国际接轨具有相应的引领作用。

1.2.1 水电EPC项目建设安全管理相关概念

水电建设项目是关系到国计民生的基础性工程，是我国能源布局中的重要一环，为我国中长期发展提供重要动力。水电建设项目需要投入大量的人力、物力和财力，由于其施工环境的复杂性、施工工序的多样性以及施工人员众多，在施工过程中，存在较多的安全隐患，安全事故的发生既威胁到现场施工人员的人身安全，又会造成严重的经济损失。安全生产不仅对企业的生存及发展起着重要影响，对工人的人身安全和国家的财产安全也至关重要。因此，必须严格贯彻“安全第一、预防为主、综合治理”的方针，加强对水电建设项目安全的管理，真正实现安全生产和文明施工，同时保障施工环境和员工的职业安全健康，使员工能够在健康的从业环境下工作，使国家的财产免于不必要的损失，更好地进行现代化建设。

《建设工程安全生产管理条例》第二十四条规定：建设工程实行施工总承包的，由总承包单位对施工现场的安全生产负总责。总承包单位应当自行完成建设工程主体结构的施工。总承包单位依法将建设工程分包给其他单位的，分包合同中应当明确各自的安全生产方面的权利、义务。总承包单位和分包单位对分包工程的安全生产承担连带责任。分包单位应当服从总承包单位的安全生产管理，分包单位不服从管理导致生产安全事故的，由分包单位承担主要责任。

常规水电建设项目的总体安全管理由业主负责，参与各方按业主的要求分别负责各自的安全管理工作。EPC总承包项目安全管理模式将业主和承包方的责任分工比较明确，例如，在水电建设项目中，业主主要是提供工程构思、设计方案还有技术等方面的要求。在EPC总承包模式下，业主已经支付了相应的安全生产费用，仅对水电建设项目施工进行监督，使其施工质量和施工速度在有效的控制范围内，保证水电建设项目的顺利向前推进，项目主体安全管理责任由直接承担生产管理的总承包商负责。

1. 安全管理的对象

安全管理是水电建设相关企业生产管理的重要组成部分，EPC模式下的安全管理主要是对人、物和环境状态的管理，其管理的对象通常包括水电建设项目中工作的人员、生产的机器设备和周边的环境，是对生产中一切人、物、环境的状态管理与控制，是一种动态管理。人主要指参与水电项目建设的组织及人员；物主要指参与水电项目建设的外部设备、设施等；环境主要指水电项目建设所涉及的各种环境，包括组织环境及自然环境。

具体操作过程中，我们认为事故的发生总是围绕安全管理对象三要素来进行讨论，在排除不可抗拒的因素外，事故的发生是人的不安全行为、物的不安全状态和环境的不安全因素在时间及空间上的集中出现，而且在不采取措施进行消除或控制的前提下，总是朝着同时出现、更加严重的趋势进行发展，乃至造成不可逆转的危险状态的出现，造成更加严重的人员伤亡及财产损失。安全管理工作亦围绕此三要素进行展开，安全管理的过程也即对上述对象贯穿于每一个环节的管理过程。

2. 安全管理的目标

水电EPC项目安全生产管理的目标是明确的，即“减少和控制危害，减少和控制事故，保护劳动者和设备的安全，防止伤亡事故和职业危害，杜绝重大安全事故和重大设备故障，避免国家和集体财产受到损失，保障生产和建设的良好运行”。

每个水电EPC项目，开始都会进行各种目标的确定。但往往制定目标后形成了各种的规章制度报审后并未有效地落实，安全管理最终还是形成空话。如何让施工人员严格按照规范、规程进行操作是核心，奖惩机制是推动好办法，对实现目标起着重要作用。首先在每个项目开始的时候，要求每个分包单位根据总承包管理单位的总目标进行分解，划分任务，由大到小，分配到每个岗位，落实到每个员工，让每个员工都参与进来。针对总目标的分解，结合每个项目的施工特点，对每个工种、每个工艺都制定安全管理措施，并组织所有员工进行学习，签署责任书，让每位项目参与者都能充分了解到安全管理的方法、手段、实施措施。其次是成立奖惩机制，根据各个工段编制安全操作规程和作业指导书，每个工人必须参加上岗前培训，定期对作业班组进行检查跟踪，定期对作业工人进行考核，落实奖惩制度。

3. 安全管理的特点

安全生产是按照社会化大生产的客观要求，科学地从事企业的安全文明生产活动。安全管理则是保证企业的安全生产活动正常进行所做的相关计划、组织与控制工作，它是企业管理基础的、重要的组成部分。水电 EPC 建设项目主要处于地形条件复杂，地质状况多变的偏远的深山峡谷之中，建设规模往往比较大，然而建设工程施工现场狭窄，施工器械拥挤，主要工作都处于室外，受外界气候环境影响大。水电 EPC 项目建设安全管理有如下几个特点：

（1）长期性。水电 EPC 项目建设安全生产问题的产生和存在贯穿生产活动的始终。只要有生产活动，就必须做好安全管理工作。因此，安全管理是一项艰苦细致的长期性工作。

（2）全员性。安全生产是一项与广大职工的行为和切身利益紧密相连的工作，因此单靠少数人是不行的。必须调动所有工作人员，增强其安全意识，不断提高其安全知识水平和技能，使其自觉遵守规章制度，全员参与安全管理，以形成自我保护的坚实基础。

（3）复杂性。水电 EPC 建设项目往往有很多不同的工种，经常在同一个地方同时作业，多参建工种的存在以及其相互之间存在制约或者影响，使得安全管理较为复杂，难度较大。而且，不同工程的建设，其管理方式、施工工艺、生产环境都有差异，这使得不同的建设项目面临的问题各不相同，建设现场的各种不安全因素复杂多变。

（4）科学性。因为安全生产涉及广阔的知识领域，因此有其自身规律性，需要人们探索、认识和实践。例如，可燃气体遇到火源会燃烧，一定浓度的有毒气体被人吸入体内便会引起中毒。因此，人们在生产实践中，必须尊重客观规律，尊重科学，不断积累经验，否则，便会导致事故的发生，受到惩罚。因此，只有尊重科学，学习和掌握有关安全生产的科学知识，逐步掌握它的规律性，抓好水电 EPC 项目建设安全管理，才能取得安全生产的主动权。

（5）专业性。安全管理能形成一门专业的管理学问，是工业生产对安全提出的特殊需要，也是安全技术不断发展和完善的产物。当今，安全管理工作的内容远非简单的技术工作和一般事务性管理工作所能满足的。一个现代工业企业要实现安全生产目标，广大职工和各项专业管理部门都必须遵循与安全生产有关的规章制度和规程、标准、规范，按安全生产的规律办事，使安全管理形成带有专业内容和自身特点的完整的科学技术和知识体系。

（6）预防性。预防性也称超前工作性。其实，安全管理就是保证安全生产，防止事故的发生。因为一旦发生事故就会对作业人员的身心和社会财富造成伤害和损失，其中绝大部分的损失和破坏是不可逆的。因此，水电 EPC 项目建设安全管理的重点在于做好预防事故的工作，立足于事故的防范，预防在先，提早做好防止和避免事故的措施，以减少或控制事故的发生。提高对安全管理预防重要性的认识，对做好企业的安全管理工作是极其重要的。

4. 安全管理的分类

根据不同的分类标准，水电 EPC 项目建设安全管理可分为不同的种类，具体如下：

（1）按照主体和范围大小。按照主体和范围大小的不同，可将水电 EPC 项目建设安全管理分为宏观安全管理和微观安全管理。

从总体上看，凡是保障和推进水电 EPC 项目安全生产的一切管理措施和活动都属于安全管理的范畴，即宏观安全管理泛指国家从政治、经济、法律、体制、组织等各方面所采取的针对水电 EPC 项目建设的安全措施和进行的安全活动。作为安全管理工作者，对国家有关安全生产的方针、政策、法规、标准、体制、组织结构以及经济措施等均应有深刻的理解，并全面掌握。微观安全管理是将水电 EPC 项目建设企业作为安全管理的主体。它是指经济和生产管理部门以及企事业单位所进行的具体安全管理活动。通俗地说就是关于企业安全管理的学问。

（2）按照安全管理对象。按照安全管理对象的不同，可将水电 EPC 项目建设安全管理分为广义和狭义两个方面。

广义的安全管理泛指一切保护水电 EPC 项目建设过程中作业人员安全健康、防止国家财产受到损失的安全管理活动。从这个意义上讲，安全管理不但要防止作业过程中的意外伤亡，也要对危害劳动者健康的一切因素进行斗争（如尘毒、噪声、辐射等物理化学危害，以及对女工的特殊保护等）。

狭义的安全管理是直接以水电 EPC 项目生产过程为对象的安全管理。它是指在水电 EPC 项目生产过程或与生产有直接关系的活动中防止意外伤害和财产损失的管理活动，即安全生产管理。

（3）按照安全管理的实质内容。按照安全管理的实质内容的不同，可将安全管理分为对物的水电 EPC 项目建设安全管理和对人的水电 EPC 项目建设安全管理两部分。

对物的安全管理是指为达到安全生产和财产保护的目的，对水电 EPC 项目建设过程中一切物品的管理，避免其出现不安全状态，如工地中的设备、材料、水泥、钢筋、生活用品等，包括物品的安置方式、状态检查以及防火、防盗、防丢失等。

对人的安全管理是指通过教育培训、工程技术、强制管理等措施，提高作业人员安全意识，避免作业人员出现违反劳动纪律、操作程序和方法等具有危险性的做法，出现不安全行为。

5. 安全管理的原则

在水电 EPC 项目建设安全管理过程中，一般需要遵循以下原则：

（1）长效性的原则。在水电 EPC 项目施工过程中，施工方一定要制定出一套高效的安全管理组织体系，以此保障安全管理工作的顺利进行。除此之外，还要做好安全技能培训以及安全知识教育，健全以及落实安全生产规章制度和职责，及时解决和处理发生的事故，并且调查分析事故发生的原因，以便对还未落实的防范措施进行补救。针对安全事故，需制订应急预案和现场处置方案，并按要求开展培训和演练。通过不断总结和完善，使得事故真正发生的时候，所有人员都能够积极冷静地应对，不会手足无措，导致更严重的事故。

（2）全员管理的原则。在企业里面，不管是普通的员工还是有职权的领导，都应该要坚定不移地把安全生产当作目标，明白安全生产是非常重要的，还要明确自身的安全职责。水电建设项目施工涉及面比较广、施工环节较多，任何施工环节出现问题都有可能对整个工程的安全施工构成不良影响。因此，必须严格管理整个工程施工的各个环节，让所有的施工人员和管理人员都参与到工程安全管控中，将安全职责明确到每位施工人员，保障水电建设项目安全施工。

（3）强制性的原则。强制性的原则就是必须按照规定做。安全生产工作事关人民群众生命财产安全，事关改革发展和社会稳定，一旦发生安全事故，后果不堪设想。安全是底线、红线、生命线，不可触碰、不可逾越，更不能践踏。进行安全生产，这不但是一种责任，同时还是一种义务，这种法定的约束不会根据个人的想法和意志出现改变。所以，一定要落实人员配备、防护措施以及安全管理原则等一些管理细则，将施工责任落实到实处，对所有违规操作行为一定要进行责任追究，强制改正。只有严格执行施工项目的企业安全管理制度和强制性执行标准，并依据我国相关安全生产法律中的明文规定，才能更好地保证施工人员的人身安全。

（4）安全优先的原则 。在进行水电 EPC 项目施工中，施工管理人员应该要遵循安全优先原则，从而在保证施工质量的同时还能够保证施工的安全。一般情况下，水电建设项目施工比较复杂，存在的安全隐患也比较多。一些施工人员为了自身的利益，没有严格按照施工安全设计要求来进行，从而导致安全事故的发生。部分承包商只关注施工的进度，希望越快越好，对安全重视不够，导致一些原本不应该发生的事故出现。施工过程中一定要把安全因素排在第一位，不能随意压缩工期、讲究利益最大化，严禁因为抢施工进度、增加施工经济效益，违反工程安全施工要求。

(5) 预防为主的原则。水电 EPC 项目建设过程中，安全管理最为重要的就是预防为主，目的是预防发生事故。国家安全生产管理的方针是“安全第一、预防为主”，对水电建设项目安全管理有着非常严格的要求，由于其施工环境较为复杂，规模较大、施工周期长，而且涉及的范围比较广，如果在任何施工环节发生安全问题，则会对整个工程的施工产生一系列连锁反应，因此危害性很大。施工管理人员在进行管理时应该要遵循预防为主的原则，从根本上减少施工安全问题。在施工初期就尽量消除所有的安全隐患，提高施工人员的安全意识和施工技能，安排管理人员对施工现场安全管理进行检查和监督，并且及时发现安全隐患，在最大程度上确保水电建设项目安全施工，避免或减少事故危害。

1.2.2 水电 EPC 项目建设管理模式发展

我国水电建设项目建设的发展，大体上经历了三个阶段：从计划经济体制下的自营式管理阶段，到改革开放初期在鲁布革冲击下的招投标制与业主责任制阶段；再到市场经济体制下的当代先进项目管理阶段；主要有 DBB、管理型承包、EPC 总承包等模式等，建设管理模式的不断发展和完善，更加趋近水电市场发展的需要。

早在 1988 年，原水利电力部昆明勘测设计院以总承包模式承建了云南省勐腊县团结桥水电站工程，开创了中国水电工程总承包（EPC）之先河。20 世纪 90 年代中后期，中国水电顾问集团昆明勘测设计研究院以总承包模式承担了格雷二级水电站和昆明市滇池草海西大堤加固工程；进入 21 世纪以来，该院先后承揽了文山马鹿塘水电站一期工程、雷打滩水电站、大盈江三级水电站、糯租水电站、凤凰谷水电站、马鹿塘水电站二期工程的总承包工作，共计装机容量为 95.3 万 kW，签订合同金额为 39.386 亿元。中国水电顾问集团成都勘测设计研究院在四川白水江流域和美姑河流域上的总承包项目黑河塘水电站、双河水电站、青龙水电站、多诺水电站都采用 EPC 模式，电站早已开始投产并顺利运行。另外，中国水电顾问集团贵阳勘测设计研究院总承包的洪家渡水电站、中国水电顾问集团中南勘测设计研究院总承包的酉酬水电站等都取得比较卓著的成效。

1. “自营式” 建设管理

我国水电建设项目建设管理，特别是大中型水电项目建设，在 1980 年前一直采用“自营式”建设管理模式，由主管部门或其委托的建设主管单位实行统一管理。项目的建设与经营相分离，建设期和经营期基本上各自独立运营项目建设一般由部属或省属设计院负责工程设计、工程局负责工程施工，在电站投产后由主管部门或其委托的生产管理单位负责经营。

2. 鲁布革冲击——首次引入“项目管理”概念

1984年，云南鲁布革水电站，我国第一次聘用外国专家采用国际标准和应用项目管理理念建设水电工程项目，并取得了巨大的成功，同时，也极大地冲击了我国的项目管理模式，促进了总承包模式的发展。建设期间，通过先进高效的建设管理，工程项目达到了投资省、工期短、质量好的管控效果，当时的日本大成公司在引水隧洞开挖过程中创造出单头月进尺373m的隧洞开挖纪录，对当时我国工程建设领域在管理体制、劳动生产率和报酬分配等方面产生了重大影响，形成了鲁布革冲击。随着“鲁布革经验”的不断推广和实践，有力地推动了我国水电建设的改革和发展。“鲁布革冲击”的影响已远超出水电建设系统本身，开创了我国工程建设管理体制改革的先河。

3. 二滩水电工程建设——全面推行当代先进项目管理理念

1991年，二滩水电主体工程开工建设。作为当时世界银行最大的贷款项目，其主体工程和主要永久设备需全面进行国际招标采购，土建工程合同需采用国际咨询工程师联合会（FIDIC）的合同范本及条件，全面推行当代先进项目管理的理念，完全按照国际通行惯例进行项目管理。自此，我国水电工程建设项目管理与国际全面接轨。由于国外先进建设管理理念和管理模式的引进及全面实施，二滩水电工程实现了工程建设进度、质量和投资的有效控制。

4. 杨房沟水电站——我国水电建设EPC模式效应初显

2015年就开展工程总承包（EPC）招标的杨房沟水电站，开创了国内百万千瓦级大型水电工程实施总承包的先河，是我国大型水电工程建设管理模式的大胆创新和勇敢尝试，这也正与国家大力推进实施工程总承包制的改革举措不谋而合。针对总承包项目，中国电建建立了EPC总承包一体化管控平台，以总策划为核心的设计、采购、施工分工逐渐清晰，协同逐步加强，通过信息化实现全过程要素的管理，打通管理环节，体现总承包模式的价值，在实际应用中效果显著。

对于具体工程建设项目而言，国际上通行的水电工程建设管理模式主要有设计—招标—建造（DBB模式）、设计—采购—施工（EPC模式）、建造—运营—移交（BOT模式）、项目管理（PM模式）等。2015年以前，在全面推行“业主负责制、招标投标制、工程监理制和合同管理制”等四项制度后，水电设计、施工、监理单位分属不同集团，形成了较为有效的竞争环境与体系，国内的大中型水电项目建设主要采用DBB建设管理模式。在DBB模式下，发包人自己组建项目机构，自行负责工程项目的建设管理工作。按照时间先后顺序，先委托设计单位进行设计，设计完成并审查通过后，采取招标方式选择施工承包商、设备和主要材料供应商等参建单位。在该模式下，发包人可自由选择咨询、设计、监理方，且各方均使用标准的合同文本，有利于合同管理、安全、质量监管和投资控制，具有通用性强、风险分散等特点。

随着国家电力体制改革的逐步深化，电力需求增长放缓，水电站项目投资控制效果对项目电价市场消纳能力及水电开发企业盈利能力的影响进一步增大，也对水电项目投资控制提出了更高的要求。同时，经过 2011 年中电建和中能建集团的组建，两大集团集水电行业设计、施工、监理于一体，水电建设市场生产格局发生了深刻变化，在有利于提高我国电力建设领域综合竞争力和开拓国际市场能力，加快实现“走出去”战略的同时，国内水电建设项目市场竞争格局也发生了较大的调整，水电开发正面临巨大挑战。对于国内水电开发企业，DBB 模式已不能满足新形势下水电项目建设管理需求。采用传统的 DBB 建设模式，设计、采购、施工之间无直接合同关系，各自按自身利益最大化来管理项目，建设管理协调难度较大，不利于充分发挥设计与施工承包企业的优势和调动参建单位对工程投资控制和项目成本控制的积极性。为适应水电项目建设外部环境的变化，并满足国内水电开发企业内部管理提升的需求，水电项目建设管理模式亟待深化改革与创新提升，促使投资控制的理念不断更新，投资控制的手段更加多样化。

2016 年 5 月 20 日，住房和城乡建设部印发了《关于进一步推进工程总承包发展的若干意见》（建市〔2016〕93 号），该意见指出并要求“深化建设项目组织实施方式改革，推广工程总承包制，提升工程建设质量和效益”。随后，相关省（自治区、直辖市）也陆续出台了省市级开展工程总承包的指导意见，在政策层面进一步鼓励发展工程总承包。2016 年 8 月 23 日印发《住房城乡建设事业“十三五”规划纲要》，2017 年 3 月 23 日印发《“十三五”装配式建筑行动方案》，2017 年 4 月 26 日印发《建筑业发展“十三五”规划》等，旨在加快推行工程总承包、加速培育总承包企业。2017 年 2 月 21 日国务院办公厅正式公布了《关于促进建筑业持续健康发展的意见》（国办发〔2017〕19 号），将“加快推行工程总承包”作为建设行业改革发展的重点，按照总承包负总责的原则，落实工程总承包单位在工程质量、安全、进度控制、成本管理等方面的责任，在国内建设行业推广总承包模式。

相对于传统的管理模式，EPC 模式进行设计采购施工总承包建设管理，充分发挥了一个主体协调实施项目的优越性，具有以下优势：

（1）统一组织管理与协调，提升了项目资源整合能力。EPC 模式将 DBB 管理模式中原本相互独立的标段间的协调变成了总承包内部协调，所有管理环节都要服从总承包部项目经理的统一指挥，设计、采购与施工三者成为利益共同体，可以实现各环节的统一管理和协调，所有施工资源容易实现统一调度与调配，提高了资源的使用效率，并合理有效地进行进度深度交叉，能缩短工程建设总周期。这一模式大大减少了业主的协调管理工作量，无需再设置庞大的项目建设管理机构，大幅简化了传统管理下的合同界面，避免了人员与资金的浪费，有助于业主回归投资方的角色。

（2）充分发挥设计与施工各自优势，提高了工程建设管理水平。成立总承包联合体的方式使设计与施工单位以工程项目为聚焦点，各个单位发挥专业特长，在总承包管理过程中相互学习、取长补短，既有利于提高工程建设管理水平，又利于提升双方企业的核心竞争力。

（3）成本导向作用更加突出，有利于提高工程造价控制。EPC 总承包合同是通过市场竞争获得的，自合同签订之日起，项目成本管理与控制就成为总承包方一切工作开展的核心与内在动力。为了实现项目成本管理的中心任务，有效加强各环节、各要素间的联系，以设计为中心，以目标成本管理为手段，推动设计优化，推行限额设计，促进技术创新，动态核算各项成本支出，及时解决工程建设过程中所出现的问题，最终实现预期的造价控制。

（4）项目管理专业化程度高。由于总承包合同涉及的工作内容多，专业种类复杂，能够承担总承包工作的单位是积累了丰富的工程建设经验的工程建设专业化队伍，为了实现全面整体管理，总承包单位需要派出比传统模式更多更强的专业技术人员与中高级管理人员，发挥自身技术与管理优势，为总承包管理提供强大的技术与管理支撑，以达到工程质量、安全与进度要求，从而促进项目目标的顺利实现。

（5）降低业主风险。EPC 工程总承包合同一般为总价承包合同，业主与总承包商签订总承包合同后，将工程质量、安全、工期及工程成本风险转移给总承包单位，总承包单位全面承担工程建设责任及工程建设的各类风险，在约定的工程造价限制下，按期完成工程建设。业主工程管理的风险大大降低，总承包商相应承担更多责任和风险。

EPC 工程总承包管理模式是市场专业化分工的趋势和业主规避风险的客观要求。在中国经济由高速增长阶段转变为高质量发展阶段之际，大力推行工程总承包，有利于加速企业提质增效和转型升级，以适应国家“质量取胜”“价值取胜”“创新取胜”的供给侧改革大环境。从宏观上来讲，有利于推动建筑行业的科学发展，有利于提高行业的整体经营质量。从微观上来看，有利于把投资方从项目建设管理的具体事务中解放出来，回归投资者的角色；有利于总承包单位以合同为准则，明确责、权、利，全面统筹工程建设相关要素，对设计、采购、施工进行深度融合，促进科技创新、先进技术的应用和总承包精细化管理。尽管存在对总承包人的综合实力要求较高、发包人对工程的控制较弱等问题，但 EPC 总承包因其特有的优势，在国际工程中已成为工程建设普遍采用的组织管理模式。

在国家加快推行工程总承包建设大环境下，推行大型水电建设项目总承包建设模式是必然趋势。2015 年，雅砻江流域水电开发有限公司率先采用总承包建设模式建设杨房沟水电站，中国水利水电第七工程局有限公司与中国电建华东勘测设计研究院有限公司组建总承包联合体，投标并中标承建杨房沟水电站设计施工总承包项目。杨房沟水电站成为国内首个采用 EPC 模式建设管理的大型水电建设项目。如今，按照国家发展改革委发布的推进工程项目总承包管理指导要求，EPC 工程总承包的管理模式已经全面推广到水电工程领域。

1.2.3 水电 EPC 项目建设安全管理的意义

对于水电 EPC 项目总承包企业来说，工程项目实施过程中的安全是企业生存和发展的先决条件，是决定工程项目成败的关键，水电 EPC 项目在实施过程中一旦出现重大安全事故，必然会重创整个项目，同时还会影响企业的正常生产运营。在我国，对施工总承包企业的安全事故的处罚也较为严厉，公司有可能会被强制驱逐出市场，这也从侧面督促总承包企业时刻重视施工的安全问题，任何管理人员在任何时候都必须把工程施工现场的安全问题放在首位，时刻记住“安全就是生命，安全就是效益”。因此，搞好安全管理工作具有十分重要的意义，概括起来主要有以下几个方面：

(1) 安全管理是以人为本的体现，是完善水电 EPC 建设项目管理模式的体现。在水电 EPC 建设项目施工过程中，加强安全管理，有助于维护施工人员的人身安全，提高企业的安全素质，保证施工质量和施工进度。在施工过程中，全面落实安全生产责任制，是对施工人员生命财产的重视，是对企业安全管理体系的全面落实。同时在实际的管理过程中，加强安全管理制度的完善，有助于企业建立更加完善、可靠、稳定、科学的安全管理机制，大大推动了企业在项目管理工作中的进步。

(2) 搞好水电 EPC 项目建设安全管理是贯彻落实“安全第一，预防为主，综合治理”方针的基本保证。具体的安全相关工作、活动要由安全管理来组织、协调，安全管理水平的提高有利于国家安全生产管理体制的完善和执行。

(3) 搞好水电 EPC 项目建设安全管理是防止伤亡事故和职业危害的根本对策。安全管理是减少、控制事故尤其是人因事故发生的有效屏障，科学的管理能够约束、减少人的不安全行为，减少或控制危险源，直接控制人因事故的发生。

(4) 搞好水电 EPC 项目建设安全管理是总承包企业生存的根本。总承包企业不仅要关注业主关心的工程质量、成本与进度，还必须关注工程项目的安全问题，争取建设施工的“零事故”。“零事故”的实现是工程建设项目质量、费用和进度目标实现的先决条件，无论何时何地安全问题都是大问题，一旦发生安全事故，企业必将遭受严重的经济损失，从而导致工程项目的停滞，甚至会影响到施工总承包企业自身的生存。

（5）搞好水电 EPC 项目建设安全管理是市场竞争的需要。一方面，随着社会的发展，人们的人身权益提升到前所未有的高度，以人为本的思想深入人心，人们对安全事故的容忍能力越来越低，而当前网络信息技术比较发达，在现代社会中企业一旦发生安全事故就会广泛吸引社会公众的关注，企业的经济效益和社会形象便会遭受重大损失。另一方面，业主在选择承包商时，对施工安全性的关注度越来越高，某些要求更为严格的业主在进行招投标时会要求承包商近期未出现安全事故，那些发生过安全事故的总承包企业直接淘汰出局。

1.3 EPC 项目安全管理研究现状

安全管理是对管理学基本原理的继承和发展，可以通过管理的职能，进行有关安全方面的决策、计划、组织和控制方面的活动，从而减少生产过程中出现的各种不安全因素，预防意外事故的发生，避免人员伤亡和经济损失，推动企业安全生产顺利进行，提高经济效益和社会效益。EPC 项目中，总承包联合体单位或总承包单位需在项目法人的委托下，按照合同约定对建设项目安全问题进行有效管理。

安全问题贯穿于工程建设的策划、设计、施工、竣工等各个阶段，相应的安全管理应该是完整而全面的[1]。然而，现有 EPC 项目安全管理方式仍存在一些不足。祝振兴[2]通过多年参与 EPC 工程总承包项目管理的工作经验，分析了 EPC 工程总承包项目管理的现状和问题，从厘清各作业链环节的职责和定位，降低各作业链环节的内耗并提升效率，补足总承包企业的管理短板并提升等方面对如何提升项目管理水平的方法和建议进行探讨。最终得出结论，总包工程项目管理的核心就是效率，要聚焦效率，提高协调效率、协同效率、纠偏效率、执行效率。所有作业链处理任何事、做任何决定都应该效率优先，以提高生产效率为目的，以实现价值为导向，以获得业主认可为目标。同时，对内减少内耗提升效率，对外合同经营和感情经营并重，切实提高项目的再经营水平。史钟等[3]指出由于与工程总承包项目安全管理适用的国家规范和行业标准较少，造成对项目管理深度的认识有偏差，在管理中容易形成过浅管理或过度管理两个极端。以设计为龙头的工程总承包项目为例分析了工程总承包项目要如何发挥自身优势，做好项目全过程安全管理的问题。提出工程总承包项目要做好全过程安全管理，适度把控安全管理的广度和深度，并在实际项目中不断应用、总结和提高，通过不断完善的企业管理体系和企业文化，在每位员工的不懈努力下，让项目安全管理乃至整个企业管理更上一层楼，在规模不断扩大、效益逐步提高的同时，降低企业的安全风险。Su 等[4]考虑施工现场消防安全管理，指出造成建筑工地火灾的因素有很多，建筑工地存在工人距离很近，大量材料和机械被存放在工地上，由于建筑工地的开放环境条件和环境复杂性，传统的基于烟雾和温度的传感器无法使用等问题，建立了一个火灾识别模型，并开发了一个实时建筑火灾探测（RCFD）系统，并用实验验证了该系统在不同环境条件下的适用性。Alkaissy 等[5]对安全管理方面的文献进行了系统的综述，发现模拟和优化技术在过去的 20 年里取得了很大的进步，但在安全相关风险建模方面仍有改进的空间，并提出了安全管理过程中存在的问题。王胜江等[6]以某中央企业集团公司为例，从安全生产责任制的理论体系、国家的安全生产管理体制、企业安全生产的保障原则等方面入手，系统阐述企业在建立与落实安全生产责任制过程中的一些要点、难点，为企业安全生产责任制的建设提供借鉴，也为企业管理者的管理决策起到了一定的参考作用。刘军等[7]以杨房沟项目为案例，通过问卷调研汇集一线从业人员对 EPC 合同条件的认知和落实，辨析合同参与方对 EPC 合同条件的关注要点。发现杨房沟水电 EPC 项目的合同界定不够清晰，与 EPC 项目理念仍存在差距，业主介入过多、管理过细的现象频发。吴怿哲等[8]结合国内某大型煤化工项目动力中心区域建设安全管理的具体实施与创新，通过分析 EPC 总承包项目安全管理体系运行面临的不足和问题，阐述了工程总承包项目安全管理科学化、程序化、规范化运作实践，为总承包工程安全管理提供经验和参考。

通过对 EPC 项目现存不足问题的探讨，国内外学者结合自身工作经验及研究成果，对提高安全管理水平、降低安全事故发生概率等提出建议。陈雁高等[9]介绍了某大型水电站的 EPC 实践经验，分析了该模式的优势，并针对管理中出现的问题提出了建议。Galloway 等[10]探讨了在设计建造不断变化的形势下，工程总承包行业关于合同策略、谨慎概念、谨慎标准和可持续性，以及这些关键因素对所发生变化的影响和法律含义，尤其是工程总承包商的安全责任。王亚军等[11]从人的不安全行为以及物的不安全状态着重对工程项目施工过程中的安全管理工作方法和经验进行介绍，提出要加强安全教育培训，提高全员安全意识。通过查思想、查管理、查制度、查现场、查隐患、查事故处理，对发现的问题和隐患应及时整改，形成闭合循环管理，使安全管理自始至终贯穿在整个工程施工过程中。Gong 等[12]则提出了包含八个潜在结构和十一个假设的

4D BIM模型，在应用BIM提升EPC项目的绩效的基础上，同时研究了BIM系统在实践中被接受和使用的过程。Zhu等[13]提出了基于弹性理论的施工安全管理体系的理论框架和关键安全管理要素，然后利用结构方程模型（SEM）方法得到各因素的重要性。结果表明，信息管理、物资技术管理、组织管理和人员管理将提高项目的安全性和应变能力。郭海红[14]结合《中国电力工程顾问集团有限公司工程总承包项目安全生产管理责任清单》，提出采用健康、安全与环境（HSE）因素进行动态管理，在项目实施过程中，当危险源和环境因素发生变化时，项目HSE经理应及时修改相应的环境因素清单或职业健康安全危险源清单，对于项目实施过程中的新发现、新确定的重大环境因素、重大危险源，HSE经理按照HSE管理流程组织进行识别、评价并制定相应的控制措施。

工程风险管理是安全管理中的重要环节，而识别风险因素是风险管理的前提条件。Kassem等[15]通过综合文献综述，探究也门油气EPC建设项目的风险成因，发现也门油气建设项目中有51个关键风险因素，可分为两大类：①内部风险因素，包括7个关键风险源，即业主、承包商、顾问、可行性研究与设计、招标与合同、资源与材料供应和项目管理；②外部风险因素，包括6个关键风险源，即国民经济、政治风险、当地人、环境安全、治安风险和不可抗力相关风险因素。栾德跃[16]对电力工程EPC总承包项目风险管理办法进行了研究，简单介绍了风险管理的重要性、特点及意义。对电力工程EPC总承包项目中存在的技术风险、合同风险、施工风险进行了分析，并提出相应的风险管理措施，从而解决合同、设计及施工方面的风险问题，以便电力工程总承包项目能够正常进行，为我国电力企业发展提供保障。Gao等[17]基于风险生命周期理论，提出了一种实用的风险评估技术来评估风险生命周期，包括风险发生时间和潜在的财务损失。然后应用这种技术评估通过传统生产模式和工业生产模式执行的EPC项目所涉及的风险之间的差异。李树谦[18]结合EPC（设计、采购、施工）项目施工现场安全管理的特点，提出了以施工工艺为基础，运用WBS原理和改进的LEC法探索适合EPC建设项目施工现场的安全评价方法。依据WBS原理将整个工程项目按照单位工程、分部工程和分项工程进行分解。以分项工程中的工序为最小单元利用改进的LEC法进行分析评估，在此基础上分析各分项工程的风险性，进而制定出具有针对性和实用性的预防措施。通过将模型应用于壳牌（天津）石油化工有限公司进行检验，证实应用改进方法开展施工风险评价，将现场的安全管理与施工紧密结合，可以确保危险源辨识、风险评价以及风险预防措施的针对性。但针对LEC法，安明泉[19]通过研究东北地区某污水排放工程海底管道项目，提出LEC半定量方法更多依赖于评估人的个人判断不同，而风险矩阵半定量评估方法的准确度和客观性更高，且易于操作实施，更适合 EPC 总包工程项目 HSE 管理的需要。该研究进一步提升了工程建设中的 HSE 管理水平，提出了更为有效的安全控制措施，并以某污水排海管道为例，基于风险半定量评估的原理，风险辨识后采用风险矩阵法进行风险评估，此举能有效规避作业过程和作业环境中的各种风险，并根据评估结果提出消减措施，辨识出的风险和消减控制措施大部分在实际施工中得到验证，但需要根据工程进度和变化不断更新风险评估结果，保持 HSE 管理的动态平衡。

徐过[20]则以乍得拉尼亚油田建设 EPC 工程项目为研究案例，基于系统动力学对项目的风险评估进行研究。结果表明：系统动力学在海外 EPC 工程项目风险管理中各个阶段均具备较好的适用性，可作为传统的风险管理方法的补充，同时在社会安全风险管理领域中具备一定的适用性。

针对安全管理过程中的成本问题，Ahn 等[21]考虑到现有安全管理成本估算方法无法反映施工现场的项目特点（如建筑形状、层数和工期）的情况，收集了 23 个已完工项目的实际数据并进行分析，找出安全管理成本评价中存在的问题和影响因素，建立一个高层住宅健康安全可持续管理的成本评估模型，并以五个新地点为例，验证了模型的有效性。Toutounchian 等[22]基于工作分解结构（WBS）和成本分解结构（CBS），提出了一个初步的概念模型，采用田野调查与访谈相结合的方式，探讨了模型中变量的有效性，确定了安全管理在 EPC 项目中的合同地位；并采用参数化建模方法设计了数学模型，分别确定了项目不同阶段的安全管理成本及相关权重因子，为安全管理提供了一种新思路、新方法。

在国际工程中，EPC 总承包因其特有的优势，已成为工程建设普遍采用的组织管理模式。相较于国内 EPC 项目，国际工程建设过程中往往存在着更多的安全风险，对 EPC 项目安全管理提出了更高的要求。杨增杰等[23]基于文献调研，通过问卷调研、专家访谈和案例分析，系统研究了国际水电 EPC 项目设计管理面临的主要风险，涉及不熟悉国内外技术标准或 HSE 法律法规差异、初步设计、设计质量与进度、设计接口管理、设计激励等五个方面。同时采用 Likert5 分量化项目设计风险，得出“不熟悉国内外技术标准差异”得分排在第 1 位，“不熟悉当地 HSE 相关法律法规”得分排在第 10 位，表明对于国际水电 EPC 项目设计方来说，如何充分掌握 EPC 项目的标准和相关法律法规是一个巨大的挑战。这主要归因于国际项目涉及的标准法规与我国的标准法规在具体条款和理念上有很大的不同。因此要想提升国际水电 EPC 项目的设计管理水平，降低工程风险，首先要熟悉国内外技术标准或当地 HSE 相关法规差异等。Wang 等[24]透过概念中介模式的发展与验证，量化这些主题之间的关系，以中国承包商的数据为依据，概述了承包商风险管理、伙伴关系的应用及其组织能力的现状，为承包商在国际EPC项目实施中的优化决策提供了良好的经验依据。熊彬臣[25]通过对国际铁路工程EPC项目联营体模式下安全管理的难点进行分析，阐述联营体模式下项目安全管理中应合理设置管理机构和整合资源，提出铁路项目应强化项目设计管理，高度重视公共安全与安全生产的集中统一管理。并进一步提出应强化风险预控并提高风险应急救援管控能力，强化安全预控和过程控制，严格推行安全生产标准化管理，构建公共安全管理和舆情控制体系。从而不断增强中国企业在“一带一路”基础设施方面的安全管理能力，及时规避和化解建设项目全生命周期内的风险，维护企业在国际工程总承包项目建设阶段的根本利益，为企业在“走出去”过程中的安全管理提供参考。Yang等[26]通过建立概率模型揭示了伙伴关系，风险管理，界面管理和项目绩效之间的跨学科联系。通过构建描述国际工程总承包项目参与者采取的三种不同策略的演化博弈过程的演化博弈模型。构建了一个中介模型，证明了上述主题之间的因果关系，从而在诸如伙伴关系、风险管理、界面管理和项目成果等知识领域之间建立了跨学科的联系。为了解合作伙伴应用、界面管理和风险管理的现状提供了经验证据，为国际工程总承包项目的交付决策奠定了坚实的基础，为工程总承包项目管理的改进提出了广泛的实用策略。陈玉宇等[27]结合多年来在海外工程承包项目现场一线参与国际总承包项目安全管理的经验，结合正在执行的圭亚那糖厂EPC总包项目，从海外项目总承包商的角度对安全管理影响因素及管理方法进行了分析和探索。提出全面落实安全生产责任制，各单位或项目部一把手要亲自主抓安全管理，并对海外项目安全事故负直接领导责任。并且强调只有将事故和责任结合起来，才能使责任人重视和加强安全管理。

1.4 EPC模式下项目安全管理的优势

依据EPC模式下的项目参与方视角，其安全管理模式包括以下优势：

(1) 总包单位负责设计及施工，确保本质安全。由总包单位负责设计、采购、施工等环节，有效避免了施工和设计分离的情况，提高了工作效率，在安全设施设计阶段，有效规避了工程建设及投产后运行中存在的风险。

(2) 安全责任主体明确、标准统一，确保项目过程安全管理有章可依。例如在嘉兴LNG项目前期，针对项目特点，总包单位组织有经验人员制定了《现场健康安全环保管理体系文件》《项目健康安全环保执行计划》《应急管理体系文件》等项目安全管理文件，明确了承包商的准入管理、安全组织机构、体系建设、资源配置、责任界面划分、安全过程管控、安全技术支持等，并设置了统一的管理标准。同时，所有的健康安全环保管理文件都报送业主、监理单位审核通过后方可实施，确保了安全组织机构清晰，责任主体明确，制度体系健全。

（3）业主、监理单位监督管理，总包单位全面负责现场安全管理，各参建单位有效实施，确保项目过程安全管理落地。

1）从承包商准入着手，严把承包商资质、业绩。选择合格承包商，并由监理、总包单位严格审查分包单位各级安全管理人员资质、健康安全环保报审材料，经监理、总包单位审批后方可开工。通过业主、监理单位监督管理，总包单位全面负责的方式，对各项工程施工组织计划、人员资质、施工方案、工作安全风险分析、应急预案等开工资料审核，严把承包商开工入场。

2）从承包商进场安全培训开始，学习安全知识技能、树立良好的安全意识是关键。本项目通过分包单位组织开展班组级、分包级安全培训，培训考核合格后，由总包单位组织开展总包级安全培训，培训考核合格后，由总包单位统一办理现场出入证。培训考核不合格，不予办理现场出入证，禁止进场。同时，所有人员档案、安全培训资料报送监理审核，确保安全培训有效实施。

3）总包单位组织现场各项安全检查，各参建单位开展日常安全巡查，确保安全检查不留死角。安全检查是预防安全事故，有效控制现场违章、防范各类风险的重要手段。安全检查工作要横向到边、竖向到底、全面展开、不留死角，做到闭环管理。有效防范化解重大风险，及时消除安全隐患。

4）总包单位负责作业许可证管理，分包单位执行作业许可证管理，确保项目风险可控。作业许可证管理到位能够有效降低施工作业安全风险，同时，在每项作业开始前必须做好工作安全风险分析，预测相关风险，制定相应防范措施，办理相应作业许可证，有效保障各项安全风险可控，各项安全措施执行落实到位。

（4）总包单位负责采购管理，提高本质安全。在EPC模式下，总包单位负责采购管理，采购的设备、材料是否可靠、满足设计要求，直接影响到项目施工过程安全及接收站投产后运行管理安全。设备、材料采购由总包单位全权负责，从而保障了采购、设计、施工计划之间的有序衔接，防止因设备、材料不能及时到场而影响下一步施工工序的开展，规避了设备、材料不到场而牺牲施工过程安全。同时，总包单位的采购与设计人员沟通畅通，避免了采购的设备、材料与设计不符，有效保障了投产后的运行管理安全。

（5）总包单位全面负责试运行安全管理，有效保障试运行过程安全。EPC项目具有极高的系统性和逻辑性，由具备专业知识和技能的承包人对一个复杂的系统工程项目进行总体承包，有助于充分利用承包人的专业管理知识和经验，在业主总体目标控制下，协调各方的矛盾，更好、更快地进行工程项目建设。

在 EPC 模式下，总包单位编制项目试运行工作方案，明确试运行阶段的组织分工、操作程序、工作控制、安全技术措施及突发事件应对措施。

1.5 目前国内水电 EPC 项目安全管理存在的问题

建筑业是国民经济的支柱产业。改革开放以来，我国建筑业快速发展，建造能力不断增强，产业规模不断扩大，吸纳了大量农村转移劳动力，带动了大量关联产业，对经济社会发展、城乡建设和民生改善做出了重要贡献。但也要看到，建筑业仍然大而不强，监管体制机制不健全、工程建设组织方式落后、建筑设计水平有待提高、质量安全事故时有发生、市场违法违规行为较多、企业核心竞争力不强、工人技能素质偏低等问题较为突出。具体体现在：

（1）安全设计和现场安全管理脱节。在水电 EPC 项目模式下，总承包方承担设计环节，现场安全管理人员基本来源于施工单位，未参与安全设计，设计人员全部来源于设计院未参与或无实际经验而指导现场安全管理，导致现场安全管理人员不能有效地领会安全设计的目的，设计院的人员也不懂现场安全管理。安全设计和现场安全管理基本上处于脱节状态，存在很大的安全管理弊端，尤其是在项目实施后期，尤其在试运行阶段，安全管理不能有效地配合试运行操作，无法确保安全运行，造成设计本质安全上的缺失。

（2）各专业安全管理权责混乱。水电 EPC 项目安全管理部门的职责是对项目实施各阶段（节点工期）的安全工作进行监督检查，确保其符合国家法律法规要求。在监督检查期间发现的不符合项，提出整改要求，督促各专业完成，而并非整改责任人，造成安全问题的各责任专业才是整改责任人。而 EPC 项目部认为（尤其是以设计单位为主的 EPC 项目），安全是安全管理人员的事情，是安全人员的职责，安全人员检查出来的安全问题或隐患，要求安全人员组织整改，来自设计单位的相关负责人安全权责意识不清，造成相关专业没有认真完成安全管理人员提出的隐患整改，而是安全管理人员被迫自行组织整改，导致“我查我改，他责不改”的权责混乱情况。

（3）安全管理人员缺乏。一方面，水电 EPC 项目部本身安全管理方面人才相对比较少，缺乏安全管理人员，即使指派了相关人员兼职从事安全管理，也是敷衍塞责，主要表现在 EPC 项目的管理人员（大多数来源于设计院），都是以监督员的身份参与项目安全管理，不是以施工单位的身份参与安全管理，EPC 项目的安全管理制度和措施得不到有效及时的落实，发现的安全隐患，往往需要分包单位来处理，EPC 项目管理人员往往都是高高在上，以建设项目业主的身份出现在施工现场，而事故往往就是因为这样的原因发生的。另一方面，由于大多数水电 EPC 项目都是以设计单位为主组成的项目部，主体工程全要依靠社会资源（分包队伍）进行施工，大部分分包单位安全管理不完善，不是没有专门的安全管理部门和专职安全人员来管理，就是安全人员配置缺乏，甚至存在身兼数职的情况，根本上不能科学有效地制定符合自己单位的安全管理规定和制度，列出本单位的重大安全危险源并采取有效措施进行控制，因此直接造成为施工过程中安全管理失控或者形成安全隐患。

（4）财物资源缺乏。财物资源缺乏表现在工程款上，EPC 项目总承包单位只起传递作用，并未形成绝对的控制权，这就造成安全管理的被动。现实的情况是分包单位往往不进行安全投入或（低于国家规定标准）少投入，EPC 项目总承包单位苦于资金和物力的缺乏，导致安全隐患整改的不全面，从而失去控制安全事故的最佳措施。

（5）安全意识缺乏。不管是 EPC 项目的负责人员还是施工现场的施工技术人员，都存在安全意识淡薄的情况，在安全管理的意识上：一是大多分包单位认为安全工作是 EPC 项目总包单位的事情，因此导致其安全管理只做表面工作，从而忽视了安全管理的本质，这直接导致了其安全投入上的不足，包括人员和财物上的投入；二是分包单位的人员复杂，没有切实的专业施工队伍，大量的农民工构成了施工的劳动主体，大多数农民工文化少，安全意识淡薄，生产技能低，无法保证施工过程中的安全操作，从而为安全生产埋下了隐患。

2 水电EPC项目建设安全管理相关理论

2.1 水电 EPC 项目安全管理模式

目前国内水电 EPC 项目主要采取两种模式：一种是以设计单位为主、施工企业集团为辅的联合体；另一种是以施工企业集团为主，设计单位为辅的联合体。从两河口水电站移民代建 EPC 项目（中国电建成勘院）、杨房沟水电站 EPC 项目（中国电建水电七局为主、中国电建华东院为辅组成联合体）、辽宁清原（中国电建北京院为主、中国电建水电六局和水电八局为辅组成的联合体），从掌握的资料来看，我国水电 EPC 项目多数是以设计单位为主组成的水电 EPC 总承包项目部。

安全管理主要分为设计安全管理、现场安全管理、试运行安全管理、采购安全管理。

2.1.1 设计安全管理

设计安全管理即项目本质安全管理，是保证设计成品的本质安全，确保设计出的产品符合国家法律法规以及各类标准的要求，以确保产品的安全可靠运行，避免安全事故的发生，其安全性能在运行生产后方可体现。

1. 设计安全风险

EPC 项目设计安全基本上由项目部经理组织协调各专业设计人员来完成。由于设计人员的资历和阅历的限制，原可以通过设计来消除的大量危险源将会在项目投入使用后凸显。设计图纸的多次变更，可能由于项目各方交接不清或手续不全，往往导致施工人员使用的不是最新版本。

2. 设计安全管理的要求

(1) 设计人员对相关变更应获取经有关单位书面确认的文件。设计必须严格执行有关安全的法律、法规和工程建设强制性标准，应充分考虑不安全因素，安全措施（防火、防爆、防污染等）应严格按照有关法律、法规、标准、规范进行，并配合建设单位报请当地安全、消防等机构的专项审查，确保项目实施及运行使用过程中的安全。

（2）设计应考虑施工安全操作和防护的需要，对涉及施工安全的重点部位和环节在设计文件中注明，并对防范安全事故提出指导意见。

（3）采用新结构、新材料、新工艺的建设工程和特殊结构、特种设备的项目，应在设计中提出保障施工作业人员安全和预防安全事故的措施建议。

（4）设计技术交底由设计经理负责与施工方具体落实，按交底要求向施工或制造单位介绍设计内容，提出施工、制造、安装的要求，接受施工或制造单位对施工图设计或设备设计的质疑，协调解决交底中提出的有关设计技术问题，确保施工、制造、安装安全。

2.1.2 现场安全管理

加强施工现场安全生产管理。全面落实安全生产责任，加强施工现场安全防护，特别要强化对深基坑、高支模、起重机械等危险性较大的分部分项工程的管理，以及对不良地质地区重大工程项目的风险评估或论证。推进信息技术与安全生产深度融合，加快建设建筑施工安全监管信息系统，通过信息化手段加强安全生产管理。建立健全全覆盖、多层次、经常性的安全生产培训制度，提升从业人员安全素质以及各方主体的本质安全水平。具体实施如下所述。

1. 构建完整的组织流程

施工现场需要组织多工种、多单位协同施工，需要严密的计划组织和控制，针对工程施工中存在的不安全因素进行分析，从技术上和管理上采取措施。由项目技术负责人牵头组织，编制危险性较大的分部分项工程专项方案、超过一定规模的危险性较大的分部分项工程需经过专家论证、专项方案需经过审批、作业前编制人员或项目技术负责人向现场管理人员和作业人员进行安全技术交底、施工单位应当指定专人对专项方案实施情况进行现场监督和按规定进行监测、施工单位技术负责人应巡查专项方案实施情况、对于按规定需要验收的危险性较大的分部分项工程必须组织有关人员进行验收。

2. 建立完善的安全管理体系

水电 EPC 项目是由联合体共同进行完成的，安全管理体系难免存在差异，导致在施工过程中不能进行统一的安全管理。联合体在安全管理方面的认知也存在一定的差异，比较容易出现争执，影响水电工程的整体施工进程，因此，就这样的情况，水电 EPC 项目联合体各单位，可以摒弃原来自身那一套安全管理体系。因为水电 EPC 项目是联合体各单位有机的融合，所以，安全管理体系也要进行适当的调整，应该根据施工现场的实际情况，建立比较科学和合理的安全管理体系。

3. 明确细化安全管理责任制

建立和落实 EPC 项目联合体安全生产责任制，要求明确规定 EPC 项目部各级领导、管理干部、工程技术人员在安全工作上的具体任务、责任和权利，以便把安全与生产在组织上统一起来，把“管生产必须管安全”和“谁主管谁负责”的原则，在制度上固定下来，做到安全工作层层有分工，人人有专责，事事有人管，件件抓落实。同时加强安全责任制宣传，确保各级管理人员明确各自安全管理的职责，并对安全管理突出的个人进行经济上的奖励和处罚，保证全员参与的热情和责任。

4. 保证安全管理的物力人力的投入

EPC项目部在建立健全的安全管理部门的同时，要统筹总承包单位和分包单位的人力资源，以保证现场安全管理的人员队伍的建立，确保现场安全检查不留死角，做到对安全管理的源头和事前控制。

为防止总承包单位的安全管理上资金投入的不足，应在工程总造价中提出一定比例的安全备用资金，一旦分包单位不能按要求履行安全责任时，总包单位可以直接动用这笔资金进行安全投入，保证安全生产，而不需要得到分包单位的同意，工程完工后根据实际情况将多余的备用金返还给分包单位；而对于重大危险源的保护设施设备应由总承包统一配备，如配电箱的使用、各类安全设施的设立等，以防止分包商私用劣质产品或者配备不到位而产生安全隐患。

5. 危险、有害因素（风险、危险源）辨识评价

提前依据EPC项目实际和特点，建立危险、有害因素（风险、危险源）辨识评价清单（主要包括非常规作业，拆除作业、高处作业、脚手架安装拆除作业、起重吊装作业、受限空间作业、施工临时用电、办公生活设施、防火防爆等），按清单制定分级管控措施并认真落实到位。

对于EPC项目存在的安全管理问题，组成EPC项目部的各单位应将设计安全和现场安全管理进行有效的整合，使两类工作进行穿插，工作人员相互渗透，达到互相参与，共同管理，保证项目安全可靠的进行。这样不仅能快速地形成一批综合素质较强的安全管理人员，而且有助于安全设计人员熟悉项目执行阶段的安全管理模式及要点，同时吸收相应的设计需求，有利于提升个人安全管理能力和安全设计水平。

2.1.3 试运行安全管理

EPC项目试运行应明确工作计划，协调各方进行全方位检查，组织调试人员进行安全应急培训，对各方的试运行与调试进行指标达标考核。具体如下：

（1）编制EPC项目试运行工作计划，明确试运行阶段的内容、组织、工作原则和程序。制定试运行安全技术措施，确保试运行过程的安全。

（2）EPC项目部负责组织业主、施工分包商、供货商从试运行角度来检查

施工安装质量，核查在试车、操作、停车、安全和紧急事故处理方面是否符合设计要求，对发现的问题列出清单并进行修改，最终达到设计要求。

（3）EPC项目部负责组织协调各参加调试人员，明确调试区域及范围，做好调试期间发生电气设备着火、突发意外停电、功能性误操作、防爆、防中毒及其应对措施等方面的安全教育工作。

（4）EPC项目部负责检查建设项目的安全生产“三同时”制度的落实，必须按照国家有关建设项目职业安全卫生验收规定进行，对不符合职业安全卫生规程和行业技术规范的，不得验收和投产使用。验收合格正式投入运行后，不得将职业安全卫生设施闲置不用，生产设施和职业安全卫生设施必须同时使用。

（5）EPC项目部负责与业主方共同审查和签署试运行及考核情况报告，明确建设项目的工艺性能、保证指标、经济指标达到合同要求的情况。

2.1.4 采购安全管理

水电项目采购主要包括水轮发电机组、变配电设备、厂房大吨位桥机、各类闸门启闭机、升船机等。采购安全管理是后期运行管理的保障，因采购需求标的不清，导致各种大型设备、主要材料不符合要求，特别是特种设备、消防设备等资料不全，必将导致重大设备事故发生。具体要求如下：

（1）项目的大型设备、主要材料供应商必须具备与其提供产品相适应的能力和资质证明文件，证明文件应在有效期限内。

（2）必须依据设计人员编制的设备、材料采购文件要求实施采购任务。采购特种设备、消防设备、防爆电气设备，应符合合同中约定的检验要求并提供设备安装结束后的验收、办证资料。

（3）采购进口设备必须在合同中约定提供证明其制造厂（地）的文件资料（如出厂证明、报关材料等），在设备验收时应同时查验合同约定的证明文件。

（4）采购超大、超重、异形等超过道路通行规定的产品，应按照设计文件的提示要求，与供应商约定运输方式和安全防范措施。

（5）如需设备、材料供应商提供现场服务，应与供应商签订现场服务安全协议。进入现场服务的人员必须经过相应的安全教育。

2.2 安全风险管理

EPC模式下的安全风险管理全面涵盖工程开工前、工程施工前、施工作业期间、目标考核等全过程，厘清建设单位、施工单位、设计单位以及监理单位等参与方的管理责任，建立全过程、全员参与的EPC模式安全风险管理，其管理流程如图2.1所示。

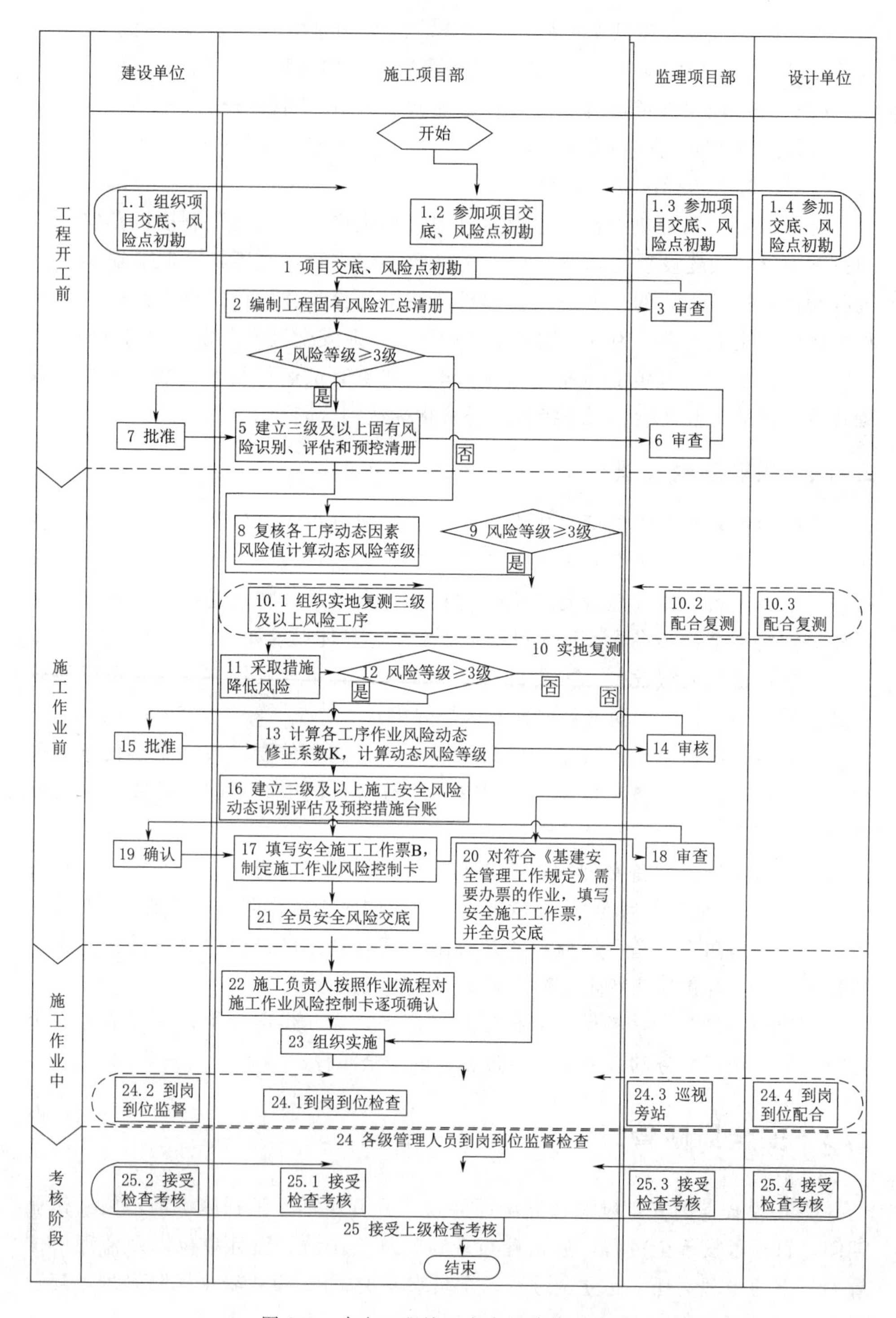

图 2.1 水电工程施工安全风险管理流程

2.2.1 LEC安全风险评价方法定义

LEC法是对具有潜在危险性作业环境中的危险源进行的安全评价方法。该方法采用与系统风险率相关的三方面指标值之积来评价系统中人员伤亡风险大小。这三方面分别是：L为发生事故的可能性大小；E为人体暴露在这种危险环境中的频繁程度；C为一旦发生事故会造成的损失后果。

风险值$D=LEC$。D值越大，说明该系统危险性大，需要增加安全措施，或改变发生事故的可能性，或减少人体暴露于危险环境中的频繁程度，或减轻事故损失，直至调整到允许范围内。

值得注意的是，LEC风险评价法对危险等级的划分，一定程度上凭经验判断，应用时需要考虑其局限性，根据实际情况予以修正。

2.2.2 固有风险值计算

固有风险值采用LEC法定量计算，固有风险等级根据固有风险值的大小确定。

固有风险值$D_1=L_1\times E_1\times C_1$。

固有风险因素L_1、E_1、C_1取值及风险值D_1与风险等级关系表：

（1）发生事故或风险事件的可能性（L_1），见表2.1。

表2.1　发生事故或风险事件的可能性（L_1）

分数值	发生的可能性	分数值	发生的可能性
10	可能性很大	0.5	基本不可能，但可以设想
6	可能性比较大	0.2	极不可能
3	可能但不经常	0.1	实际不可能
1	可能性小，完全意外		

（2）风险事件出现的频率程度（E_1），见表2.2。

表2.2　风险事件出现的频率程度（E_1）

分数值	风险事件出现的频率程度	分数值	风险事件出现的频率程度
10	连续	2	每月一次
6	每天工作时间	1	每年几次
3	每周一次	0.5	非常罕见

（3）发生风险事件产生的后果（C_1），见表2.3。

表 2.3 发生风险事件产生的后果（C_1）

分数值	发生风险事件产生的后果	分数值	发生风险事件产生的后果
100	大灾难，无法承受损失	3	较大损失
40	灾难，几乎无法承受损失	1	一般损失
15	非常严重，非常重大损失	0.5	轻微损失
7	重大损失		

（4）风险值 D 与风险等级关系，见表 2.4。

表 2.4 风险值 D 与风险等级关系

风险值 D	风险程度	风险等级
$\geqslant 320$	极高风险，应采取措施降低风险等级，否则不能继续作业	5
$160 \leqslant D < 320$	高度风险，要制订专项施工安全方案和控制措施，作业前要严格检查，作业过程中要严格监护	4
$70 \leqslant D < 160$	显著风险，制定专项控制措施，作业前要严格检查，作业过程中要有专人监护	3
$20 \leqslant D < 70$	一般风险，需要注意	2
< 20	稍有风险，但可能接受	1

水电工程施工安全风险等级划分为五级：

1 级风险（稍有风险）：指作业过程存在较低的安全风险，不加控制可能发生轻伤及以下事件的施工作业。

2 级风险（一般风险）：指作业过程存在一定的安全风险，不加控制可能发生人身轻伤事故的施工作业。

3 级风险（显著风险）：指作业过程存在较高的安全风险，不加控制可能发生人身重伤或死亡事故，或者可能发生七级电网事件的施工作业。

4 级风险（高度风险）：指作业过程存在很高的安全风险，不加控制容易发生人身死亡事故，或者可能发生六级电网事件的施工作业。

5 级风险（极高风险）：指作业过程存在极高的安全风险，不加控制可能发生群死群伤事故，或者可能发生五级电网事件的施工作业。

2.2.3 动态风险值计算

动态风险值 $D_2 = D_1 / K$。

动态调整系数 K：为 4 个维度动态调整系数 K_{U_i} 的算术平均数，即

$$K=\frac{\sum_{i=1}^{4}K_{U_i}}{N} \tag{2.1}$$

式中：N为与动态风险相关的维度数量，最多为4个维度；K_{U_i}为每个维度的动态调整系数。

$$K_{U_i}=\frac{\sum_{j=1}^{7}b_j}{n} \tag{2.2}$$

式中：n为维度U_i中影响动态风险的相关子项个数，最多为7个；b_j为各对应维度U_i中各子项风险因素值。

维度实际情况与各维度风险因素风险取值关系，见表2.5。

表2.5　维度实际情况与K值的取值关系

维度U_i		风险值b_j		
		1	0.6	0.3
人员U_1	作业人员施工经验U_{11}	主要作业人员都有3项及以上同类工程项目经验	大于50%的主要作业人员有3项及以上同类项目经验	主要作业人员无同类项目经验
	作业人员生理状态U_{12}	作业人员体检合格；人员一个工作日平均工作时间不超过8h，且夜间作业时间占总工期比重不超过20%	作业人员体检合格；人员作业时间大于8h但不超过10h，且夜间作业时间占总工期大于20%但不超过30%	作业人员体检合格；人员作业时间大于10h，夜间作业时间占总工期大于30%
	指挥人员技能及经验U_{13}	指挥人员具有3个及以上同类项目现场指挥经验	指挥人员具有1个或2个同类项目现场指挥经验	指挥人员无同类项目现场指挥经验
	监理人员技能及经验U_{14}	监理人员具有5年及以上同类工程的监理工作经验	监理人员具有大于3年但不超过5年监理工作经验	监理人员具有不超过3年监理工作经验
机械U_2	机械设备性能U_{21}	设备已使用时间未超过设备使用年限的	设备已使用时间达到设备使用年限，但经过鉴定可以降级使用的	设备已使用时间超过设备使用年限又未经过检定的合格的
	机械设备维修保养U_{22}	有完善的维修保养制度，且保养记录齐全；外观检查，工况良好	有完善的维修保养制度，外观检查，工况一般	有完善的维修保养制度，保养记录不齐全，工况较差
	机械设备负荷情况U_{23}	起吊荷载不超过起重机械额定起重量的90%	起吊荷载大于起重机械额定起重量的90%但不超过95%	起吊荷载大于起重机械额定起重量的95%，或者两台机械实行台吊作业的

续表

维度 U_i		风险值 b_j		
		1	0.6	0.3
环境 U_3	施工工期 U_{31}	满足合理工期要求	达到80%及以上合理工期的	未达到80%及以上合理工期的
	周围环境 U_{32}	周边环境开阔，隔离措施完善，便于施工	施工场地狭窄等较复杂的周边环境	施工场地非常复杂，隔离措施难以实施
	气候情况 U_{33}	正常状态（气温大于17℃但不超过26℃，风速不超过1.5m/s，无降雨或有降雨但降雨量不超过9.9mm等条件均满足）	不良天气（气温大于5℃但不超过17℃或大于26℃但不超过35℃，风速大于1.5m/s但不超过5.4m/s，降雨量大于9.9mm但不超过24.9mm等条件中的任意一项）	坏天气（温度大于35℃或小于5℃，风速大于5.4m/s但不超过10.8m/s，降雨量大于24.9mm但不超过49.9mm等条件中的任意一项）
	地质条件 U_{34}	Ⅰ～Ⅱ类围岩，且无地下水	Ⅲ～Ⅳ类围岩，单位出水量不超过10L/(min·m)	Ⅴ类围岩，单位出水量大于10L/(min·m)
	交通运输环境 U_{35}	运输路线可事先确定，运输通道畅通、路况良好	运输路线可事先确定，路况较差，但险情可控	路况较差，运输通道存在不可控险情
	临近带电作业 U_{36}	作业地点与带电体的距离大于《电力安全工作规程》表2规定的距离	作业地点与带电体的距离大于《电力安全工作规程》表1规定的而小于《电力安全工作规程》表2规定的距离，且按照规定要求采取完善的安全措施	作业地点与带电体的距离小于相关法规、标准、规程等规范规定的安全距离，未按照规定要求采取安全措施
	交叉作业环境 U_{37}	无交叉作业	有交叉作业，且事先有制订交叉作业专项作业方案	有交叉作业，未事先制订交叉作业专项作业方案
管理 U_4	安全保证、监督体系 U_{41}	安全保证、监督体系完善，人员到位	安全保证、监督体系较为完善，人员基本到位	体系不完善，人员未到岗到位
	项目安全人员配备 U_{42}	项目部、施工队、作业点按规定要求配置安全员	项目部、施工队按要求配备安全员，作业点未按要求配备安全员	项目部、施工队、作业点两个或两个以上部门未按规定配备安全员
	安全管理目标、制度 U_{43}	目标明确，并进行细化分解，制度完善，有针对性和操作性	目标未细化，制度针对性、可操作性较差	无安全管理目标，或未建立制度

续表

维度 U_i		风险值 b_j		
		1	0.6	0.3
管理 U_4	班前安全活动 U_{44}	按规定实施，内容具有针对性	按规定实施，内容针对性较差	未按规定实施
	安全监督检查、验收 U_{45}	按规定实施，整改闭环，落实到位	按规定进行监督检查，但未对整改项目进行复查落实	未按规定进行监督检查和验收
	应急救援预案与演练 U_{46}	编制完整的应急预案体系并按规定开展应急演练	编制应急预案体系不完整，未按规定开展应急演练	未编制应急预案，未开展应急演练
	安全教育活动开展情况 U_{47}	按规定开展安全教育活动，教育活动具有针对性，记录齐全	按规定开展安全教育活动，但针对性较差，或记录不齐全	未按规定开展安全教育活动

注 当某工序不涉及某一维度或影响因素时，该维度或因素不参与分析计算。

2.3 安全生产责任管理

水电工程往往位于高山峡谷、地形地质条件复杂地带，安全管理呈现点多、线长、面广的特征，且工程范围变动较大，导致工程安全风险复杂、安全隐患多样。可见，水电工程安全管理难度相较于其他类型工程更大。虽然EPC项目中建设单位的安全责任相对传统模式（比如DBB模式）要小一些，但是按照现行法律法规的规定，如果发生安全事故，建设单位依然不能完全免责，应尽职免责。厘清安全生产责任制内涵与外延，为界定参建单位各方的安全生产责任提供依据，是水电工程EPC项目安全管理亟待解决的重要问题。

2.3.1 安全生产责任制的含义

责任是指分内应做的事以及没做好分内事而应承担的过失，两者缺一不可。安全生产责任是指相应责任人在其工作范围内所要做的安全生产工作以及做不好将受到的相应处罚。

安全生产责任包括法定责任和非法定责任。法定责任是由法律法规所确认的具体条款和相应内容；非法定责任是由法律法规以外所确定的条款或相应的任务，也应是安全生产责任的内容，如企业规章制度确定的相应安全生产工作管理要求或安全生产工作任务等。从某种意义讲，在无特殊说明下，企业规章制度确定的安全生产工作管理要求和安全生产工作任务，也是法定责任，因为企业规章制度是法律法规的延伸。

例如，在江西丰城发电厂“11.24”冷却塔施工平台坍塌特别重大事故案例中，总承包单位中南电力设计院未履行的非法定安全生产责任有：

管理层安全生产意识薄弱，安全生产管理机制不健全。对安全生产工作不重视，未按规定设置独立安全生产管理机构和安全总监岗位，频繁调整安全生产工作分管负责人。

违反了《中国电力工程顾问集团有限公司安全生产管理规定》（电顾工程〔2016〕485号）第十四条：“所属单位员工总数超过一百人的，应设置安全生产管理部门，配备满足安全生产工作要求的专职管理人员。”

《中国电力工程顾问集团有限公司安全生产管理规定》（电顾工程〔2016〕485号）第十二条：“（五）集团公司及所属单位应按要求设立专（兼）职安全总监，协助分管安全生产负责人统筹协调安全监管工作，提高安全监管效能。”

以上案例中总承包单位中南电力设计院未履行的非法定安全生产责任，属于法律法规在企业规章制度上的延伸，应当作为事故处理的法定依据。

安全生产义务是安全生产责任的另一种表述。广义的法律责任就是一般意义上法律义务的同义词，狭义的法律责任是由不履行法律义务所构成的违法行为而引起的不利法律后果。通常在安全生产管理中把法定的安全生产义务等同于法定的安全生产责任，其义务内容或相应条款均为法定的安全生产责任，由此确定相应的法定安全生产责任或衍生法定的安全生产责任清单。

安全生产责任制度包括各种相应岗位或工作的安全生产责任内容的集合、相互关系和落实职责的一整套措施和规章。安全生产责任制是安全生产责任、安全生产义务和安全生产责任制度相关内容的统称，没有严格意义上的区分，有时所称安全生产责任制就是指相应的安全生产制度。

《安全生产法》对特定人员均规定了相应安全生产责任要求，这些要求即是相应责任的法定职责；《安全生产法》第三章专设“从业人员的安全生产权利义务”，这里所指的从业人员应当包括其他生产经营活动管理人员在内的所有人员，其中有关安全生产义务就是法定的安全生产责任，从业人员在行使法定的安全生产权力时必须要履行相应的法定安全生产义务。《安全生产法》规定了相应责任人必须作出或禁止作出的行为约束，违反规定将受到相应的处罚。

作为生产经营活动的具体责任人，应当明确有关安全生产责任定义，即其工作范围内所要做的安全生产工作以及做不好将受到的相应处罚，从而进一步确定安全生产责任清单和如何履行其职责、不履行其职责将受到何种相应的处罚。

2.3.2 安全生产责任制特征

安全生产责任制是各参建单位安全生产规章制度的核心，是行政岗位责任制和经济责任制的重要组成部分。各级领导、各部门、所属单位和所有人员，在安全生产中应负有的安全责任，主要由纵向系列和横向系列责任制组成，其中纵向系列包括各级领导至岗位工人的责任制，其中包含部门的正副职领导；横向系列包括各级职能部门（如安全、生产、设备、技术、人事、财务、党群等部门）和各基层单位的责任制。做到“纵向到底、横向到边、不留死角”。其特征如下：

（1）双重性，即安全生产责任应当包括两个方面，责任人在其工作范围内所要做的安全生产工作和做不好将受到的相应处罚，简单归之为“做什么”和“承担什么”。所有安全生产责任人都必须了解安全生产责任的“双重性”及其具体内容。

（2）法定性，即安全生产职责内容是由法律法规和相应的规章制度所确定的。追究安全生产责任必须依法依规，不能随意追加“莫须有的罪名”，在确定安全生产责任制时必须明文规定。

（3）可追溯性，即在履行安全生产职责过程中要形成记录，实时动态监管，包括相关责任人在安全生产岗位责任文件上签字确认。在明确各岗位的责任人员、责任范围的同时必须要有相应的责任制考核要求，生产经营单位应当建立安全生产责任考核机制，加强对安全生产责任制落实情况的监督考核，保证安全生产责任制的落实。

（4）动态性，即安全生产责任制是一项动态管理活动，随着安全生产活动的动态变化，安全生产责任制内容也将发生变化。变化原因一是生产进度发生变化，特别是建设项目施工进度变化很大，其责任考核范围将发生变化；二是生产活动中的人员或机构的变化，建设项目施工人员进出场频繁，导致人员与机构不断变化，就需要不断调整安全生产责任制的内容；三是在责任制考核中将不断调整责任制的范围和对象，按照PDCA循环原理不断提升责任制考核内容。因此，安全生产责任制不是一成不变的，它是一项动态的管理活动。

（5）主体性，即安全生产责任必须确定主体责任，由主要对象或主要责任人承担安全生产主体责任。安全生产管理强调生产经营单位是安全生产责任主体，这是以单位来划分的安全生产主体责任，其他单位承担相应的安全生产主体责任；安全生产管理还强调第一责任人，生产经营单位必须明确主要生产经营负责人，即在生产经营活动中有主导权的负责人必须承担本单位的安全生产主要责任，为安全生产第一责任人，施工项目负责人为施工现场安全生产第一责任人。主体责任人的责任同样应符合法定的安全生产职责要求，应具体明确。

（6）可分解性，即安全生产责任制的内容应该层层分解落实。并不是说安全生产责任明确了主体责任，全部内容都压在主体责任单位或主要责任人身上，相应的责任是可以分解、层层落实的，如施工现场项目负责人的“组织制定本项目安全生产规章制度和操作规程”和“组织制定并实施本项目安全生产教育和培训计划”可以分解给安全生产管理机构和安全生产管理人员。但是，分解落实责任并不意味着主体责任人就可以减轻责任，有些责任是不能够分解的，如施工现场项目负责人的“保证本项目安全生产投入的有效实施”必须亲自确保完成，即主体责任人必须按照法定职责逐条履行，分解的职责内容若不能认真履行同样要追究主体责任人的责任。如《安全生产法》第九十条规定：“生产经营单位的决策机构、主要负责人或者个人经营的投资人不依照本法规定保证安全生产所必需的资金投入，致使生产经营单位不具备安全生产条件的，责令限期改正，提供必需的资金；逾期未改正的，责令生产经营单位停产停业整顿。有前款违法行为，导致发生生产安全事故的，对生产经营单位的主要负责人给予撤职处分，对个人经营的投资人处二万元以上二十万元以下的罚款；构成犯罪的，依照刑法有关规定追究刑事责任。”

2.3.3 安全生产责任制的宏细观政策形势分析

我国有关法律法规、政策文件、标准规范等对安全生产责任制作了严格的要求，几乎所有关于安全生产考核及检查的要求中，安全生产责任制作为首当其冲的管理要求。中共中央、国务院联合发出的《关于推进安全生产领域改革发展的意见》（中发〔2016〕32号）文件中要求健全落实安全生产责任制，提出“按照管行业必须管安全、管业务必须管安全、管生产经营必须管安全和谁主管谁负责”的原则，厘清安全生产综合监管与行业监管的关系，明确各有关部门安全生产和职业健康工作职责，并落实到部门工作职责规定中。企业对本单位安全生产和职业健康工作负全面责任，要严格履行安全生产法定责任，建立健全自我约束、持续改进的内生机制。企业实行全员安全生产责任制度，法定代表人和实际控制人同为安全生产第一责任人，主要技术负责人负有安全生产技术决策和指挥权，强化部门安全生产职责，落实一岗双责。《中华人民共和国安全生产法》（简称《安全生产法》）第十八条第一款规定生产经营单位的主要负责人应建立、健全本单位安全生产责任制；《安全生产许可证条例》（国务院令第397号）第六条规定生产经营单位的主要负责人应建立、健全安全生产责任制；《建筑施工安全检查标准》（JGJ 59—2011）第一项安全检查内容中的第一项检查项目就是“安全生产责任制”。

纵观安全生产事故的处理，每起事故调查处理首先是对安全生产责任履行情况的调查，几乎所有事故中受到处罚的人员均存在未履行安全生产责任的行为。然而，并不是每起事故都是安全生产责任事故，也就是说并不是每起事故都要追究安全生产责任，或追究法律责任。《关于推进安全生产领域改革发展的意见》（中发〔2016〕32 号）规定了“尽职照单免责、失职照单问责”安全生产责任追究的基本原则，即履行了安全生产责任就可以免于追究法律责任。

2.3.4 安全生产责任制完备性的判断标准

判断安全生产责任制是否完备应当依据安全生产责任的定义及安全生产责任制的六个特征，建设项目安全生产责任制完备性的判断标准可归纳如下。

准则 1：双重性准则，即安全生产责任应当包括责任人所要做的安全生产工作和做不好将受到的相应处罚。

准则 2：法定性准则，即安全生产职责内容是由法律法规和相应的规章制度所确定的。

准则 3：可追溯性准则，即在履行安全生产职责过程中要形成记录，实时动态监管，包括相关责任人在安全生产岗位责任文件上签字确认。

准则 4：动态性准则，即安全生产责任制是一项动态管理活动，随着安全生产活动的动态变化其责任制内容也将发生变化。

准则 5：主体性准则，即安全生产责任必须确定主体责任，由主要对象或主要责任人承担安全生产主要责任。

准则 6：可分解性准则，即安全生产责任制的内容应该层层分解落实。

准则 7：可考核性准则，即建设项目应建立健全安全生产责任考核机制，考核的责任部门或责任人明确。

准则 8：协同运行准则，即建设项目安全生产责任体系能与建设项目管理体制协同运行。

同时满足以上八条准则，建设项目安全生产责任制才是完备的。

2.4 清单管理

2.4.1 清单管理起源与内涵

清单式管理最初是为了配合《ISO 9001 中国式质量管理》的实施，由日出东方管理咨询有限公司首创而推出的支持性管理工具，由于它突出了全面提醒、细节提醒等特点和简单实用，后来慢慢延伸至推广至整个项目管理，并渗透到企业管理的方方面面，被越来越多的管理层所接受。

清单管理是指针对某项职能范围内的管理活动，分析流程，建立管理台账、检查表等模式，对工作内容进行细化、量化，形成清晰明确的清单，严格按照清单执行、考核、督查的管理制度。清单管理的主要表现形式有台账式、检查表式、总结式和可追溯式等。清单管理具有全面提醒、细节提醒、简单实用等特点，对全面提高员工技术素质和操作能力，提升综合管理水平具有指导和督促作用。

2.4.2 安全管理引入清单制的重要性

清单管理的引入可从根本上突破人为因素的局限，杜绝操作人员认知或记忆的失误，弥补人为因素的缺陷；同时，安全清单具有极强的约束力，可确保关键因素不遗漏，逐项排查不确定的安全风险，以清晰的规定动作保证了施工过程控制的一致性，对标准化管理具有指导意义；更重要的是，安全清单管理有助于厘清管理思路，通过纳入必不可少的基本要素，能够在一定程度上减少管理人员大脑资源的占用，使其可以集中精力到更关键工序的管控中。

此外，安全清单理念的实践应用方便，可操作性强。执行前，安全管理清单的制定，能够将工艺流程和控制措施等复杂内容简约化、可视化、规范化；执行过程中，参照安全清单校核标准操作程序，可对关键管控因素进行查漏补缺；执行后，也可根据前序施工环节遇到的问题或现场情况变化对安全清单进行及时更新和调整。清单管理的应用更加有利于管理人员和一线操作工人的沟通，可大幅提升工作效率。经过精心组织、认真梳理和持续完善的清单，既是施工安全管控的行动纲领和指导准则，也是工程精细化管理的优选手段之一。

3 EPC项目安全管理组织网络及岗位职责

3.1 业主安全管理组织网络

在项目组织结构中设置独立的安全生产监督管理部门，负责工程安全生产的监督管理工作，接受项目经理及总承包企业安全管理部门的双重领导，实施“安全一票”否决，如图3.1所示。

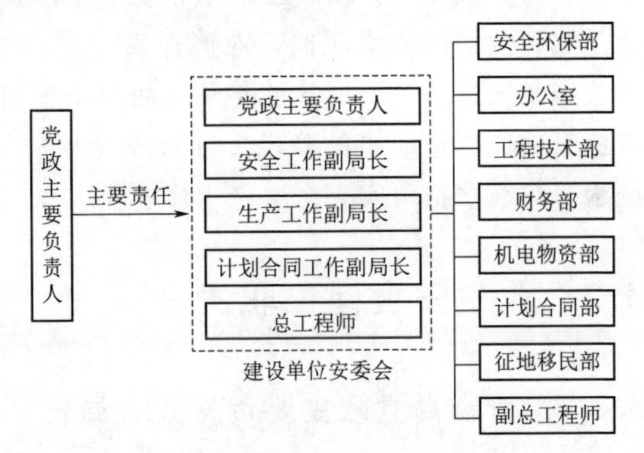

图3.1 EPC项目业主安全管理组织网络

在项目的初期编制建设工程项目保证安全生产的措施方案，在实施阶段编制安全管理计划，确定施工阶段的安全风险控制是整个工程安全管理的核心部分，其成效是否显著关系到工程安全能否符合建设工程项目安全生产目标，甚至影响到工程的成败。

首先，从预防为主入手，审核分包商的安全管理体系，分析研究以往的安全通病与管理缺失，事先采取措施防止“三违”行为的蔓延。借鉴其他工程的安全管理经验，建立健全安全保证与监督体系，加强员工安全知识与技能培训，营造积极进取的企业安全文化，强化安全意识的提升。

其次，在施工过程中，跟踪危险作业活动（工序）进行安全控制，同时准确、有效地设置安全控制点进行施工过程监控和施工工序验收。安全控制点是指为了保证作业过程安全而确定的重点控制对象、关键部位或薄弱环节。设置安全控制点是保证达到施工安全要求的必要前提，施工阶段安全控制计划应予以详细考虑，并以奖惩制度来保证落实。对于安全控制点，一般要事先分析可能造成安全风险问题的原因，再针对原因制定对策和措施进行预控。

对于施工过程的安全风险控制，要确定详细的安全生产目标和控制指标以及一整套安全监督检查与评价标准，把施工过程中各阶段、各部分的安全责任通过签订安全生产责任书具体落实到个人，加强监督力度，严格管控作业行为，按照安全生产责任书及保证措施要求、相关的法律法规和行业规范监督施工过程，分阶段实施监督检查、评估与奖惩。一旦出现安全不符合要求的状况，经过分析原因，对相关负责人进行必要的责任追究。

对于已完工的危险性较大的分部分项工程及相应的安全防护设施要进行严格的检验。只有当前完工的分部分项工程及相应的安全防护设施验收合格，方可允许进行下一阶段的施工。

再次，由于施工中不可避免地存在不可预知的不利因素，所以一旦突发安全事故，各方要有应急措施以保证能及时妥善处理，同时要上报业主并加强该部分的安全风险控制防止二次事故，分析事故原因和总结经验。

最后，利用安全生产协议书、安全生产责任书和安全生产责任制的约束力，建立奖罚分明的激励机制，对确保安全生产基本条件、作业环境及遵章守纪的单位或个人进行不同形式的奖励，而对于忽视安全风险防控、“三违”行为蔓延或由其他原因造成事故隐患、导致安全事故发生的单位或领导严加惩罚，促进施工分包商严格落实安全生产主体责任。

3.2 业主安全岗位职责

3.2.1 管理局党政主要负责人（局长、党委书记）安全生产职责

（1）建立、健全本单位安全生产责任制。

（2）组织制定本单位安全生产规章制度和操作规程。

（3）组织制订并实施本单位安全生产教育和培训计划。

（4）保证本单位安全生产投入的有效实施。

（5）督促、检查本单位的安全生产工作，及时消除生产安全事故隐患。

（6）组织制定并实施本单位的生产安全事故应急救援预案。

（7）及时、如实报告生产安全事故。配合人民政府和有关部门开展生产安全事故调查，落实事故防范和整改措施。

（8）负责本单位安全生产责任制的监督考核。

（9）定期研究安全生产工作，向职工代表大会、职工大会报告安全生产情况。

（10）建立健全本单位安全生产风险分级管控和安全生产事故隐患排查治理工作机制。

（11）推进本单位安全文化建设。

（12）履行法律、法规规定的其他安全生产工作职责。

3.2.2 管理局分管安全工作副局长安全生产职责

（1）负责安委会日常管理工作。

（2）协助开展工程建设全过程的安全管理工作，督促落实安委会会议决定。

（3）编制或组织编制安全管理总体策划，并督促实施。审核项目监理、设计、施工单位编制的安全策划文件，并监督执行。

（4）组织或者参与安全生产教育和培训，如实记录安全生产教育和培训情况。

（5）审查施工分包单位资质和业绩，监督施工分包安全管理，考核评价施工、监理承包单位及分包单位安全管理工作。

（6）协助开展安全风险评估工作，督促落实安全风险控制措施。

（7）检查安全生产状况，及时排查安全生产事故隐患，提出改进安全生产管理的建议，督促落实安全生产整改措施。

（8）组织或者参与拟定安全生产事故应急预案。

（9）负责项目安全信息日常管理工作。

（10）配合项目安全生产事故的调查和处理工作。

3.2.3 管理局分管生产（项目）工作副局长安全生产职责

（1）统筹组织生产过程中各项安全生产制度和措施的落实，完善安全生产条件，对安全生产工作负重要领导责任。

（2）在分管工作范围内监督安全生产和职业病防治责任制落实，在分管范围内按照合同规定履行对工程参建单位的安全生产监督管理。

（3）负责监督实施分管工作范围内安全生产检查和安全风险评估、风险管控、事故隐患排查整治工作。

（4）负责组织制定分管工作范围内管理局的安全生产规章制度和操作规程，并督促落实。

（5）在研究、部署、检查相关工作时，对安全生产工作同时研究、同时部署、同时检查。

（6）发生生产安全事故后，立即赶赴现场，保护现场，组织抢救，做好善后工作。

（7）向管理局局长、党委报告安全生产履职情况并告知分管安全生产的副局长，落实管理局安排的其他安全任务。

3.2.4 管理局分管计划合同工作副局长安全生产职责

（1）协助管理局局长开展计划合同管理工作，贯彻执行国家安全生产法律、法规、工程建设强制性条款及公司有关安全管理规定，对分管工作范围内的安全生产工作负直接管理责任。

（2）负责督促、落实管理局确定的重大事项，研究、部署分管范围内的安全工作。

（3）负责将有关安全的工作要求和相应费用纳入合同文件。负责在采购合同中落实安全生产费用有关要求、明确相应的计量与支付办法。

（4）在组织建设项目采购时，负责组织开展采购评审中的安全资质的审查。

（5）在研究、部署、检查相关工作时，对安全生产工作同时研究、同时部署、同时检查，及时消除安全事故隐患。

（6）组织或参与分管范围内的一般人身死亡事故及其他重大事故的调查处理。

（7）向管理局局长、党委报告安全生产履职情况并告知分管安全生产的副局长，落实管理局安排的其他安全任务。

3.2.5 管理局总工程师安全生产职责

（1）有安全生产技术决策和指挥权。

（2）负责开展安全技术管理工作，贯彻执行国家安全生产法律、法规、工程建设强制性条款及公司有关安全管理规定，对分管工作范围内的安全生产工作负直接管理责任。

（3）负责督促、落实管理局确定的重大事项，研究、部署分管范围内的安全工作。

（4）在研究、部署、检查相关工作时，对安全生产工作同时研究、同时部署、同时检查，及时消除安全事故隐患。

（5）组织或参与分管范围内的一般人身死亡事故及其他重大事故的调查处理。

（6）向管理局局长、党委报告安全生产履职情况并告知分管安全生产的副局长，落实管理局安排的其他安全任务。

3.2.6 管理局副总工程师安全生产职责

（1）协助管理局总工程师开展安全技术管理工作，贯彻执行国家安全生产法律、法规、工程建设强制性条文及公司有关安全管理规定，对分管工作范围内的安全生产工作负直接管理责任。

（2）负责督促、落实管理局确定的重大事项，研究、部署分管范围内的安全工作。

(3) 在分管范围内负有安全生产技术决策和指挥权。

(4) 在研究、部署、检查相关工作时，对安全生产工作同时研究、同时部署、同时检查，及时消除安全事故隐患。

(5) 组织或参与分管范围内的一般人身伤亡事故及其他重大事故的调查处理。

(6) 向管理局局长、总工程师报告安全生产履职情况并告知分管安全生产的副局长，落实管理局安排的其他安全任务。

3.3 业主管理部门责任规定

3.3.1 管理局工会安全生产职责

(1) 依法组织职工参加管理局安全生产工作的民主管理和民主监督，将安全生产列入职代会的议题，监督安全生产费用的提取和使用情况等，维护职工在安全生产方面的合法权益。

(2) 监督管理局持续改善劳动条件和按照标准规定发放劳动防护用品，保护职工在劳动中的安全和健康，协助做好有毒有害作业人员的预防性体检和疗养。

(3) 对有碍安全生产、危害职工安全健康和违反操作规程的行为有权抵制、纠正和控告。对忽视安全生产和违反劳动保护现象及时提出批评和建议，督促有关部门及时改进。

(4) 协助做好安全生产的宣传教育工作，教育职工自觉遵纪守法，执行安全生产各项规程和规定。参与对安全生产做出突出贡献的单位和个人给予表彰和奖励，参与对违反安全生产规程和规定的单位和个人给予批评和处罚。

(5) 协助有关部门搞好安全建设。

(6) 会同有关部门认真开展安全生产合理化建议活动，对管理局制定或者修改有关安全生产的规章制度提出意见和建议。

(7) 建立健全管理局劳动保护监督检查委员会，设立工会劳动保护检查员。发动和组织职工开展安全生产监督检查活动。

(8) 参加对新工艺、新设备、新材料、新改扩建工程项目“三同时”监督。

(9) 参加事故的调查处理。

3.3.2 管理局部门主任安全生产职责

(1) 管理局各部门主任是本部门安全生产的第一责任人，对本部门的安全生产全面负责。

（2）保证安全生产的法律、法规、规章、标准和管理局的规程、制度在本部门的贯彻执行，把安全生产列入议事日程，做到部门业务工作与安全生产工作同时计划、布置、检查、总结和评比。

（3）按照管理局工作安排，结合实际组织做好本部门的安全生产教育培训。

（4）组织编制本部门责任范围的安全生产规章制度、操作规程、生产安全事故应急救援预案和岗位应急处置措施。

（5）按规定全面落实本部门管理项目和责任范围的安全生产工作，组织开展安全风险排查、评估和管控，发现事故隐患及时消除，不能消除的应立即上报。发现重大事故隐患有权采取部分停工或全部停工措施。对作业场所的职业危害进行检查，监督劳动防护用品的正确佩戴和使用。

（6）发生生产安全事故后，立即赶赴现场，采取有效措施组织救援，并及时上报分管负责人和分管安全生产的负责人。

（7）完成管理局交办的其他安全生产工作任务。

3.3.3 安全环保部安全生产职责

（1）组织或者参与拟订本单位安全生产规章制度、操作规程和生产安全事故应急救援预案。

（2）组织或者参与本单位安全生产教育和培训，如实记录安全生产教育和培训情况。

（3）督促落实本单位重大危险源的安全管理措施。

（4）组织或者参与本单位应急救援演练。

（5）检查本单位的安全生产状况，及时排查生产安全事故隐患，提出改进安全生产管理的建议。制止和纠正违章指挥、强令冒险作业、违反操作规程的行为。

（6）督促落实本单位安全生产整改措施。

（7）组织或者参与本单位安全生产责任制的考核，提出健全完善安全生产责任制的建议。

（8）督促落实本单位安全生产风险管控措施和重大事故隐患整改治理措施。

（9）组织或者参与本单位安全生产检查，对检查发现的问题和生产安全事故隐患进行督促整改，并形成书面记录备查。

（10）履行法律、法规规定的其他安全生产工作职责。

（11）贯彻落实公司、管理局的各项安全管理规定，执行管理局安全生产领导小组、工程安全生产委员会有关安全生产的决定，统筹工程安全生产监督管理。

(12) 协助管理局安全生产领导小组和有关负责人组织制定管理局安全生产年度管理目标并实施考核工作。

(13) 拟订管理局安全生产工作计划，明确各部门、各岗位的安全生产职责，并实施监督检查。

(14) 组织或参与制定管理局安全生产投入计划和安全技术措施计划并组织实施或监督相关部门实施。

(15) 组织开展管理局的安全风险分析评估、事故隐患排查和安全检查，对发现的各类安全风险、事故隐患和其他安全问题应当立即处理，如实记录并报告管理局有关负责人，提出整改要求并督促落实整改措施。情况紧急的，责令停止作业，并立即报告有关负责人予以处理。制止和纠正违章指挥、强令冒险作业和违反操作规程的行为。

(16) 组织落实管理局职业病危害防治工作，落实职业病危害防治措施，对作业场所的职业病危害进行检查，监督劳动防护用品的配备、发放、正确佩戴和使用。

(17) 监督安全生产“三同时”制度落实，参加审查管理局新建、改建、扩建、大修工程项目设计计划，组织实施或参与建设项目的安全评价、安全设施设计审查和验收等工作，负责监督、检查和指导建设项目的安全工作。

(18) 组织或参与管理局生产安全事故调查处理，承担伤亡事故、职业病的统计、分析和报告，并提出防范措施；按照规定在隐患排查治理信息系统中报送隐患情况。

(19) 管理局安排的其他安全生产工作。

3.3.4 办公室安全生产职责

(1) 贯彻落实公司、管理局的各项安全管理规定，执行管理局安全生产领导小组、工程安全生产委员会有关安全生产的决定，在分管范围内按照合同规定履行对工程参建单位的安全生产监督管理。

(2) 配合安全生态环境部编制年度安全教育培训计划，参与安全教育培训工作的组织实施，协助安全文化建设，加强安全生产舆论监督。

(3) 参与安全生产规划、有关安全规章制度和劳动保护措施的制定，组织分管范围内应急预案的制订，按规定及时为员工配置劳动保护用品。

(4) 负责管理局机动车辆、森林防火、消防、安保、食品卫生、“三电”(电力、电信、广播电视) 设施的安全归口管理。

(5) 联系当地政府部门或相关单位，协调解决周边单位、群众与工程建设有关的安全生产事项。

（6）参加安全生产工作会议及安全生产检查，协调或参与应急救援工作。

（7）负责安全生产文件（信函）、管理信息等的及时传递与报送，确保工作质量。

（8）管理局安排的其他安全生产工作。

3.3.5 工程技术部安全生产职责

（1）贯彻落实公司、管理局的各项安全管理规定，执行管理局安全生产领导小组、工程安全生产委员会有关安全生产的决定，在分管范围内按照合同规定履行对工程参建单位的安全生产监督管理。

（2）在编制、落实项目施工进度计划时，同时计划、部署和落实安全生产措施，监督参建单位落实施工组织设计、重大安全技术措施、专项施工方案等编制、审批、交底和实施工作，检查、指导工程监理工作。

（3）监督参建单位落实安全设施“三同时”制度，安全设施应满足设计文件、技术标准、施工规范中的安全条款或规定要求，及时消除事故隐患。

（4）在组织新技术、新工艺、新材料、新设备和新产品的推广应用时，督促实施单位组织制订相应的安全操作规程和进行安全技术培训。

（5）负责分管工程项目安全生产及文明施工的组织、协调与监督。

（6）负责防洪度汛方案、防汛抢险预案的编制和组织实施，督促防汛项目进度及措施落实，参与地质灾害评估、评价、预报及防治等工作。

（7）参与分管合同项目消防设施的备案、验收和协调管理，参与建设项目安全生产设施、工业卫生防护设施的竣工验收。

（8）参与和配合生产安全事故的调查与处理，组织、协调、参与应急救援工作。

（9）组织或参加安全生产工作会议及安全生产检查、考核等工作。

（10）管理局安排的其他安全生产工作。

3.3.6 机电物资部安全生产职责

（1）贯彻落实公司、管理局的各项安全管理规定，执行管理局安全生产领导小组、工程安全生产委员会有关安全生产的决定，在分管范围内按照合同规定履行对工程参建单位的安全生产监督管理。

（2）在编制、落实项目施工进度计划时，同时计划、部署和落实安全生产措施，监督参建单位落实施工组织设计、重大安全技术措施、专项施工方案等编制、审批、交底和实施工作，检查、指导工程监理工作。

（3）监督参建单位落实安全设施“三同时”制度，安全设施应满足设计文件、技术标准、施工规范中的安全条款或规定要求，及时消除事故隐患。

（4）在组织新技术、新工艺、新材料、新设备和新产品的推广应用时，督促实施单位组织制订相应的安全操作规程和进行安全技术培训。

（5）配合公司开展联合采购的设备和材料的采购管理，其安全技术指标必须符合相关规定及要求。

（6）负责分管工程项目安全生产及文明施工的组织、协调与监督。

（7）负责起重运输、机械设备、电气设备、物资材料贮存等方面的安全监管工作，定期组织设备安全大检查，及时消除事故隐患。

（8）负责工程供电设施的运行安全管理，组织施工用电安全监督管理。

（9）负责工程项目消防审查备案、验收和协调管理，参与建设项目安全生产设施、工业卫生防护设施的竣工验收。

（10）负责民爆器材、油料仓库的安全监督管理。

（11）负责组织或参与管理局设备事故的调查取证、鉴定与处理工作，参与和配合生产安全事故的调查与处理，组织、协调、参与应急救援工作。

（12）组织或参加安全生产工作会议及安全生产检查、考核等工作。

（13）管理局安排的其他安全生产工作。

3.3.7 计划合同部安全生产职责

（1）贯彻落实公司、管理局的各项安全管理规定，执行管理局安全生产领导小组、工程安全生产委员会有关安全生产的决定，在分管范围内按照合同规定履行对工程参建单位的安全生产监督管理。

（2）组织或参与编制招标文件时，在招标文件中纳入有关安全事项、合同双方应尽的安全责任与义务，包括安全生产条件、安全生产信用、安全生产费用提取、安全生产保障措施、事故控制指标、奖罚规定等。

（3）在组织工程建设项目采购时，负责组织开展采购评审中的安全资质的审查。

（4）编制年度投资计划时组织落实安全生产费用，按合同规定结算参建单位安全生产费用。

（5）参与应急救援工作，负责组织办理由业主承担或承诺的保险，协助参建单位进行保险理赔工作。

（6）参加安全生产工作会议及安全生产检查、考核等工作。

（7）完成管理局安排的其他安全生产工作。

3.3.8 财务部安全生产职责

（1）贯彻落实公司、管理局的各项安全管理规定，执行管理局安全生产领导小组、工程安全生产委员会有关安全生产的决定，在分管范围内按照合同规定履行对工程参建单位的安全生产监督管理。

（2）根据公司、管理局的相关预算管理办法规定，指导和审核安全防护用品、安全培训、安全活动、应急救援等安全生产专项费用预算。

（3）编制年度财务计划时，足额落实安全生产费用，负责对参建单位安全生产费提取、使用、管理等方面开展财务监督、检查和指导。

（4）在资金安排方面，坚持安全优先的原则，按合同规定及结算资料及时进行支付。

（5）按规定参加安全生产会议、检查、考核和应急救援等工作。

（6）完成管理局安排的其他安全生产工作。

3.3.9 征地移民部安全生产职责

（1）贯彻落实公司、管理局的各项安全管理规定，执行管理局安全生产领导小组、工程安全生产委员会有关安全生产的决定，在分管范围内按照合同规定履行对工程参建单位的安全生产监督管理。

（2）配合公司相关部门协调处理建设征地移民相关的来信来访和不安全事件。

（3）参加安全生产工作会议及相关安全生产监督检查。

（4）参与应急救援工作。

（5）完成管理局安排的其他安全生产工作。

3.4 工程总承包商的安全管理职责

《建设项目工程总承包管理规范》（GB/T 50358—2017）规定：工程总承包企业应按职业健康安全管理和环境管理体系要求，规范工程总承包项目的职业健康安全和环境管理；项目部应设置专职管理人员，在项目经理领导下，具体负责项目安全、职业健康与环境管理的组织与协调工作；项目安全管理应按安全第一，预防为主，综合治理的方针，开展危险源辨识和风险评价，制订安全管理计划，并进行控制；项目职业健康管理应按预防为主，防治结合的方针，开展职业健康危险源辨识和风险评价，制订职业健康管理计划，并进行控制；项目环境保护应按保护优先、预防为主、综合治理、公众参与、损害担责的原则，根据建设项目环境影响评价文件和环境保护规划，开展环境因素辨识和评价，制订环境保护计划，并进行控制。

工程总承包单位应做好如下EPC项目建设安全管理策划：

（1）工程总承包单位各级管理人员应对项目的安全、职业卫生与环境管理共同承担责任。设置专职安全审查管理人员，在项目经理领导下，具体负责项目安全、职业卫生与环境管理的组织与协调工作。

1）工程总承包企业和项目管理机构组织对建设项目的设计、采购、施工和试运行全过程（或相关活动、若干阶段的承包）的管理。参与建设工程项目总承包的参建单位各级管理人员按照所承担的设计、采购、施工和试运行职责，通过签订安全生产责任书（协议书）的形式，明确各自应承担相应的安全、职业卫生与环境管理责任。

2）工程总承包单位应设置不少于2名专职安全管理人员，但必须保证与相关专业的管理需要。安全管理人员应持有效证件上岗，在项目经理领导下，具体负责项目安全、职业卫生与环境管理的组织与协调工作。

工程总承包单位在开工前，专职安全生产管理人员应到位，并取得建设单位的确认。

（2）工程总承包单位主要负责人应依法对项目安全生产全面负责，根据项目职业卫生安全管理体系，组织制定项目安全生产规章制度、操作规程和教育培训制度或规定，保证项目安全生产条件所需资源的投入。

1）工程总承包企业应在工程总承包合同生效后，任命项目经理，并由工程总承包企业法定代表人签发书面授权委托书。工程总承包企业应建立与工程总承包项目相适应的项目管理组织，并行使项目管理职能．实行项目经理负责制，采用项目管理目标责任书的形式，明确项目目标和项目经理的职责、权限和利益。

2）工程总承包企业承担建设项目工程总承包，宜采用矩阵式管理，项目部应由项目经理领导，并接受工程总承包企业职能部门指导、监督，检查和考核。

根据工程总承包合同范围和工程总承包企业的有关管理规定，水电、火电及核电工程项目部可在项目经理以下设置控制经理、设计经理、采购经理、施工经理、试运行经理、财务经理、质量经理、安全经理、商务经理、行政经理等职能经理；输变电、风力发电和光伏发电工程项目部可在项目经理以下设置进度控制工程师、质量工程师、安全工程师、合同管理工程师、费用估算师，费用控制工程师、材料控制工程师，信息管理工程师和文件管理控制工程师等管理岗位（根据项目具体情况，相关岗位可进行调整）。

3）工程总承包企业的管理部门应实施对项目部的有效管理。水电、火电及核电工程总承包项目部应建立与工程总承包项目相适应的管理部门，明确组成人员、职责和权限。各管理部门应与项目经理签订项目目标管理责任书；各管理部门工作人员应与管理部门负责人签订安全生产承诺书。工程总承包项目部领导机构、管理机构以及主要管理人员的任命应征得建设单位的批准。

4）工程总承包单位主要负责人应组织总承包工程各参建单位，根据项目职业卫生安全管理体系，组织制定项目安全生产规章制度、操作规程和教育培训制度或规定，保证项目安全生产条件所需资源的投入。工程总承包项目部编制的各项安全生产规章制度应经过工程总承包企业的审核，并经建设单位批准。

工程总承包单位在开工前，应完成管理团队、管理机构以及安全生产规章制度、操作规程的申报、确认。

（3）工程总承包单位安全管理必须贯穿于工程设计、采购、施工、试运行各阶段。

1）工程总承包企业委派的项目经理应根据工程总承包合同以及工程总承包企业法定代表人授权的范围、时间和项目管理目标责任书中规定的内容，对所承担的工程总承包项目自项目启动至项目收尾，实行全过程管理。

2）工程总承包项目部应对所承担的工程设计、采购、施工、试运行工作进行履约承诺。代表工程总承包企业组织实施工程总承包项目管理，对实现合同约定的项目目标负责；完成项目管理目标责任书规定的任务；在授权范围内负责与项目建设单位（包括监理单位）的协调，解决项目实施中出现的问题；对项目实施全过程进行策划、组织、协调和控制；负责组织项目的管理收尾和合同收尾工作。并根据建设单位的管理要求，签订安全生产目标责任书。

3）应依据建设单位“建设工程项目保证安全生产的措施方案”，拟定工程总承包项目部的“工程总承包项目保证安全生产的措施方案”，经授权机构审核后，报建设单位备审。

工程总承包单位在开工前，应将承诺书报建设单位（包括监理单位）备查。

（4）工程总承包单位应贯彻建设工程的职业卫生方针，制订项目职业卫生管理计划，按规定程序经批准后实施。

工程总承包项目部应依据建设单位编制的“建设工程项目施工组织总设计”“职业病危害预评价报告”“建设工程项目职业危害因素辨识、风险分析与评估报告”，结合工程总承包企业的管理要求，组织项目各参建单位制订“项目职业卫生管理计划”，经授权机构审核，报建设单位批准后实施。

工程总承包单位在开工前，应完成“项目职业卫生管理计划”的报审。

（5）工程总承包单位环境保护应贯彻执行环境保护设施工程与主体工程同时设计、同时施工、同时投入使用的“三同时”原则。应根据建设工程环境影响报告和总体环保规划，制订环境保护计划，并进行有效控制。

工程总承包项目部应按合同规则，落实安全与职业卫生、环境保护设施与工程与主体工程同时设计、同时施工、同时投入使用的“三同时”原则。结合建设单位编制的“建设工程项目绿色建造与环境管理制度”“建设工程项目环境管理计划”和“建设工程项目绿色建造计划”制订“项目环境保护计划”，并进行有效控制。

工程总承包单位在开工前，应完成“项目环境保护计划”的报审。

(6) 工程总承包单位应在系统辨识危险源并对其进行风险分析的基础上，编制初步风险清单。根据项目的安全管理目标，制订项目安全管理计划，并按规定程序批准后实施。

工程总承包项目部应依据建设单位编制的“建设工程项目风险分析评估报告”(或建设工程项目安全预评价)，在开工前委托第三方系统辨识危险源（危险有害因素）与风险评估，列出“项目风险清单”，并编制风险评估报告。

工程总承包单位在开工前，应将“项目风险清单”与风险评估报告报建设单位。

(7) 工程总承包单位或分包单位必须依法参加工伤保险。为从业人员缴纳保险费，鼓励投保安全生产责任保险、意外险。

工程总承包项目部应在开工前项目对各参建单位加工伤保险、为从业人员缴纳保险费的情况进行监督检查。并按照《国家安全监管总局保监会财政部关于印发〈安全生产责任保险实施办法〉的通知》(安监总办〔2017〕140号) 要求，投保安全生产责任保险。

工程总承包单位在开工前，应将各参建单位加工伤保险、为从业人员缴纳保险费，投保安全生产责任保险的情况报告建设单位。

(8) 工程总承包单位应做好施工安全管理基础工作准备。

1) 工程总承包单位应建立以工程总承包单位主要负责人为“安全第一责任人”的安全生产保证体系，发挥决策指挥保证、监督保证、规章制度保证、安全技术保证、安全投入保证、政治思想工作和职工教育保证的作用。

2) 工程总承包项目部应根据工程建设管理需要以及建设单位、授权机构的管理要求，逐步建立符合项目管理要求的安全生产规章制度。

3) 工程总承包项目部依据建设单位发布的“工程建设项目安全生产总目标”“工程建设项目年度的安全生产目标”(以及建设单位分解的针对性的年度安全生产目标)，根据授权机构的管理要求，结合项目部管理机构的设置与职责分工，拟定项目部的“项目安全生产总目标”“年度的安全生产目标”，经授权机构审批后，报建设单位、授权机构备案。并将“年度的安全生产目标”分解到的各管理部门（或专业岗位)、各参建单位及相应的作业单位（班组)，形成分级目标。

4) 工程总承包项目部应依据建设单位编制的“建设工程项目安全生产标准

化建设规划（实施方案）”，编制项目部的“推进项目安全生产标准化建设实施方案”报建设单位备案。并建立安全生产标准化建设组织机构，明确各岗位职责，组织各参建单位开展安全生产标准化建设推进管理工作。并根据建设单位的安排与要求，定期进行自查、自评，并符合达标评级标准。

工程总承包单位应组建履行总承包合同的项目部，任命项目经理，明确安全生产管理机构和安全生产管理人员，推进项目安全生产标准化建设实施方案的文件报监理单位、建设单位备查。

（9）工程总承包单位应识别适用的工程建设强制性标准，并编制条文清单，建立相应的数据库。

1）施工程总承包项目部各职能部门和各参建单位按照“安全生产法律法规、标准规范管理制度”的要求，定期识别和获取法律法规、标准规范与其他要求，向主管部门递交的表单或进行有效的告知。

主管部门负责建立和更新所承担项目适用的安全生产法律法规、标准规范与其他要求的目录清单（台账）和文本库（含电子版）。并将清单定期通过文件、网络等形式发布，告知文档查询途径及方法，以便检索、查阅。并跟踪、掌握有关安全生产法律法规、标准规范与其他要求的修订情况，及时识别、获取项目部适用的安全生产法律法规、标准规范与其他要求并发布清单，同时报告建设单位主管部门。

2）工程总承包项目部依据识别、获取的“安全生产法律法规、标准规范与其他要求”，结合项目管理机构的设置、授权机构的管理要求和工程建设项目的管理实际，以及制度化管理规则，形成“安全生产规章制度”编制清单，组织相关管理部门逐步编制本单位的“安全生产规章制度”，并按照有关规定，结合本单位生产工艺、作业任务特点以及岗位作业安全风险与职业病防护要求，引用或编制适用的安全操作规程，发放到相关岗位，并严格执行。

3）工程总承包项目部安全生产法律法规、标准规范和安全生产规章制度、操作规程印制成册或制订电子文档配发给各管理部门和各参建单位及相关班组与岗位。

4）开工前，组织一次安全生产法律法规、标准规范和安全生产规章制度的宣贯培训，并组织一线员工进行岗位安全操作规程的培训和考核。做好相应的宣贯培训、考核记录。宣贯培训、考核主持人和参加宣贯培训、考核的人员应签字确认。

工程总承包单位应将收集的“安全生产法律法规、标准规范与其他要求”清单和已形成的管理制度，以及相应的宣贯培训、考核资料作为开工条件上报建设单位备查。

(10) 工程总承包单位应做好前期施工安全风险管理。

1) 工程总承包项目部应依据“建设工程项目风险分析评估报告”(或建设工程项目安全预评价),结合项目实际和管理特点,全面开展风险辨识、评价,严格落实相关管理责任和管控措施,有效防范和减少安全生产事故。

由总工程师组织建立一个由各参建单位专业技术人员、安全管理人员、有经验的工人或聘请安全评估专家组成危险源(危险和有害因素)辨识及施工作业风险评价小组。

2) 工程总承包项目部在开工前,依据建设单位发布的“建设工程项目风险管控与风险分级管理制度”“建设工程项目生产安全事故隐患排查治理制度”和“建设工程项目重大危险源管理制度”,拟定项目部的“项目危险源辨识和风险评价控制管理制度”和“项目生产安全事故隐患排查治理管理制度”,明确危险源辨识、安全风险评估和隐患排查治理的目的、范围、频次和工作程序等。以正式文件发布,报建设单位、授权机构备案。

3) 工程总承包项目部组织专家工作组(或委托第三方),对辨识出的安全风险进行分类梳理,综合考虑起因物、引起事故的诱导性原因、致害物、伤害方式等,确定安全风险类别。对不同类别的安全风险,采用直接评定法、安全检查表法、作业条件危险性评价法(LEC)等方法,确定安全风险等级。

安全风险评估过程要突出遏制重特大事故,高度关注暴露人群,聚焦重大危险源、劳动密集型场所、高危作业工序和受影响的人群规模,以及对人的影响、财产损失、环境破坏和社会影响,确定风险等级。安全风险等级从高到低划分为重大风险、较大风险、一般风险和低风险,分别用红、橙、黄、蓝四种颜色标示,形成“工程总承包项目风险评估表”,并编制评估报告。同时,其中重大安全风险应填写清单、汇总造册,连同评估报建设单位、授权机构管理部门。

4) 工程总承包项目部建立“风险管控台账”,及时掌握危险源(危险有害因素)及风险状态和变化趋势,适时更新危险源及风险等级,并根据危险源(危险有害因素)及风险状态制定针对性防控措施,实施动态管理。施工环境、施工工艺和主要施工方案发生改变时,应重新进行危险源辨识和安全风险评估。

5) 工程总承包项目部要根据风险评估的结果,针对安全风险特点,从组织、制度、技术、应急等方面对安全风险进行有效管控。要通过隔离危险源、采取技术手段、实施个体防护、设置监控设施等措施,达到回避、降低和监测风险的目的。要对安全风险分级、分层、分类、分专业进行管理,逐一落实各管理部门、各参建单位单位和岗位的管控责任。

建立完善安全风险公告措施,将安全风险评估结果、防范措施告知相关施工人员；编制岗位安全风险告知卡，标明主要安全风险、可能引发事故隐患类别、事故后果、管控措施、应急措施及报告方式等内容；督促各参建单位利用专题教育、班前会加强风险教育和技能培训，确保管理层和每名员工都掌握安全风险的基本情况及防范、应急措施；组织各参建单位在现场醒目位置，公示现场主要施工区域、岗位、设备、设施存在的危险源及安全风险级别，安全防护措施及应急救援措施，并设置符合要求的警示标志、标识，强化危险源监测和预警。

工程总承包单位在开工前，应完成初期风险管控的基本要求。

（11）工程总承包单位依据已经批准的建设单位文明施工策划，组织编制总承包单位文明施工策划，对施工现场文明施工进行“二次策划”，确保文明施工工作规定在施工现场得到有效落实。

1）工程总承包项目部在工程开工前，应组织各参建单位进行安全文明施工策划，编制详细的“文明施工管理规划”。规划应包括办公与生活区域、围挡、临时设施、场容场貌、食品卫生、环境保护及消防保卫等内容及检查考评的相关要求。应将安全文明施工纳入工程施工组织设计，建立健全组织机构及各项安全文明施工措施，并保证各项制度和措施的有效实施和落实。

施工现场进出口处应设置公示标牌。主要内容基本应包括：工程概况牌、消防保卫牌、安全生产牌、文明施工牌、管理人员名单及监督电话牌、施工现场总平面图。安全文明施工图牌、各类警示标志等齐全、醒目。施工生产区域主要进出口处应设有明显的施工警示标志和安全明文规定、禁令，与施工无关的人员、设备不应进入封闭作业区。在危险作业场所应设有事故报警及紧急疏散通道设施。从业人员进入施工生产区应遵守施工现场安全文明生产管理规定，正确穿戴使用防护用品和佩戴标志。

设备、原材料、半成品、成品等应分类存放、标识清晰、稳固整齐，并保持通道畅通，符合搬运及消防的要求。

作业场所应保持整洁、无积水；排水管、沟应保持畅通，施工作业面应做到工完场清。

生产区、生活区、工作区的风、水、电管线，通信设施，施工照明等布置合理，安全标识清晰；施工机械设备定点存放、车容机貌整洁；施工脚手架、吊篮、通道、爬梯、护栏、安全网等安全防护设施完善、可靠，安全警示标志醒目。

生产区应与生活区分离设置。临时建筑不应布置在高压走廊范围内。

现场应设置休息室、吸烟室，严禁流动吸烟。不得在尚未竣工的建筑物内安排人员宿舍。

施工现场应设置封闭式垃圾桶、水冲式或干式厕所，并安排专人及时清扫；施工场所保持整洁，垃圾或废料应及时清除，做到“工完、料尽、场地清”。

2）大型工程施工现场应有现场医务室和专业人员，有适用的卫生、急救、保健设施，满足现场需求，符合有关规定。

3）推行农民工实名制管理制度，施工人员必须持卡进入施工现场。在完成劳动合同签订等用工手续后，通过互联网与农民工实名制备案系统连接，进行农民工实名制的备案工作，提交农民工个人信息。实名制卡可用于门禁、考勤、工资支付、技能培训等。

工程总承包项目部依据建设单位发布的“建设工程项目文明施工规划”，组织编制项目部的“项目文明施工规划”，以正式文件发布，报建设单位、授权机构备案。

组织各参建单位制定具体的、针对性的和可操作性的“文明施工措施计划”。开工前，工程总承包项目部应组织开展项目安全文明施工检查考措施执行情况的监督检查，确保文明施工工作规定在项目现场得到有效落实。

（12）工程总承包单位建立安全操作规程的基本要求如下：

1）工程总承包项目部应按照有关规定，结合本单位生产工艺、作业任务特点以及岗位作业安全风险与职业病防护要求，组织各参建单位引用或编制适用的安全操作规程，发放到相关岗位，并严格执行。操作规程内容全面完整、具有可操作性。编制安全操作规程前，应进行安全生产风险评估。

工程总承包项目部组织将操作规程应印制成小册子，发放到各班组、岗位，固定式设备设施的操作规程制作成定置标牌，悬挂在设备设施现场；移动式设备的安全操作规程用A3纸印刷、塑封放置在驾驶室内。在工程开工前，组织培训与考核。培训、考核主持人和参加培训、考核的人员应签字确认。

2）工程总承包项目部在新技术、新工艺、新流程、新装备、新材料投入使用前，应根据新技术、新工艺的技术依托单位提供的配套的技术文件和新材料、新设备（新设施）的使用说明，并针对施工现场的资源配置、实施环境，组织具有一定专业知识，或者接受相应的专业技术培训，掌握相关的知识和技能，具有较丰富的工程实践经验的人员，制（修）订相应的安全操作规程或安全技术措施，并组织专家论证，确保其适宜性和有效性。

工程总承包单位针对新技术、新工艺、新流程、新装备、新材料运用，制（修）订相应的安全操作规程或安全技术措施应报监理单位审查。

（13）工程总承包单位应制定职业卫生安全生产技术措施。

1）工程总承包项目部应组织各参建单位对所承担施工（作业活动）进行职业危害有害因素辨识、风险分析与评估（方法同危险源辨识评价与风险分析评估），编制“职业危害有害因素辨识、风险分析与评估报告”。并在此基础上，编制项目部“职业卫生管理制度”及“职业危害有害因素辨识、风险分析与评估报告”报监理单位、建设单位审批、备案。

2）工程总承包项目部应组织各参建单位编制“职业健康检查计划”和“职业危害有害因素（作业活动、场所）监测（检测）计划”，开工前对全体参建人员进行“岗前职业健康检查”及委托专业机构对施工作业环境开展前期职业危害有害因素（作业活动、场所）检测，完善防护设施，为员工提供良好的作业环境，并建立职业健康管理档案。

工程总承包项目部各用人单位应建立健全职业病防治的规章制度，并在厂区的醒目位置以书面形式公布，包括职业卫生方针、目标、职业卫生管理制度等。

工程总承包项目部各用人单位应与所有形式的用工者签订劳动合同。在劳动合同中，用人单位应将工作过程中可能产生的职业病危害的种类、危害程度及其后果告知劳动者，将职业病危害告知作为劳动合同的必备条款。劳动合同签订后，用人单位变更劳动者工作岗位或工作内容，使劳动者接触原订立的劳动合同中没有告知的职业病危害因素时，应如实向劳动者告知并作说明。

工程总承包项目部各用人单位在和劳动者签订的劳动合同中应载明职业病防护措施和待遇。劳动合同签订后，用人单位变更劳动者工作岗位或工作内容，使劳动者接触原订立的劳动合同中没有告知的职业病危害因素时，应如实向劳动者告知新增职业病防护措施和待遇，并作说明。

工程总承包项目部各用人单位应制定操作规程，并在工作场所的醒目位置公告。操作规程应简明易懂、条款清楚、用词规范还应保证劳动者理解掌握。操作规程应保证劳动者的职业卫生安全。

3）工程总承包项目部各用人单位应建立、健全岗位职业病危害事故应急救援措施并在工作场所/岗位的醒目位置公告。应急救援措施公告应简明易懂，条款清楚，用词规范，还应保证劳动者理解掌握。应急救援措施应针对作业岗位的特点，包括事故发生后的报告程序和时限，自救、他救方法和临时应急处理原则等。

4）工程总承包项目部各用人单位应通过公告栏、合同、书面通知或其他有效方式告知劳动者工作场所职业病危害因素监测及评价结果。

工程总承包单位应将职业健康管理规划作为开工条件上报建设单位备查。

（14）工程总承包项目部及其各参建单位应做好临时设施建设。

1）工程总承包项目部及各参建单位临建选址应符合适用、经济、绿色、美观的建筑方针，满足安全、卫生、环保等基本要求。不应建造在易发生滑坡、坍塌、泥石流、山洪等危险地段和低洼积水区域，应避开水源保护区、水库泄洪区、濒险水库下游地段、强风口和危房影响范围，且应避免有害强噪声等对临时建筑使用人员的影响。临时建筑不应占压原有的地下管线；不应影响文物和历史文化遗产的保护与修复。临时建筑的选址与布局应与施工组织设计的总体规划协调一致。

2）临建房屋设计应按可持续发展的原则，正确处理人、建筑和环境的相互关系，必须保护生态环境，防止污染和破坏环境；应以人为本，满足人们物质与精神的需求；应贯彻节约用地、节约能源、节约用水和节约原材料的基本国策；应满足建设工程永久规划的要求，并与周围环境相协调，宜体现地域文化、时代特色；建筑和环境应综合采取防火、抗震、防洪、防空、抗风雪和雷击等防灾安全措施；应在室内外环境中提供无障碍设施，方便行动有障碍的人士使用；涉及历史文化名城名镇名村、历史文化街区、文物保护单位、历史建筑和风景名胜区、自然保护区的各项建设，应符合相关保护规划的规定。

3）工程总承包项目部及各参建单位自建和其他易发生较大人员伤亡的临时建筑应由专业技术人员编制专项施工方案，并应经授权机构技术负责人批准后方可实施。安装或拆除应编制施工方案，并应由专业人员施工、专业技术人员现场监督。

应严格检查原材料是否符合防火要求，严禁使用易燃建筑材料。临建房屋安装前，应对基础及预埋件进行验收。基础混凝土强度达到相应的规范要求方可安装，并做好相关记录。

4）施工现场供用电中贯彻执行“安全第一、预防为主、综合治理”的方针，确保在施工现场供用电过程中的人身安全和设备安全，并使施工现场供用电设施的设计、施工、运行、维护及拆除做到安全可靠，确保质量，经济合理；对危及施工现场人员的电击危险应进行防护；供用电设施和电动机具应符合国家现行有关标准的规定，线路绝缘应良好；供用电工程施工完毕，电气设备应按现行国家标准的规定试验、验收合格；动力配电箱与照明配电箱宜分别设置（当合并设置为同一配电箱时，动力和照明应分路供电；动力末级配电箱与照明末级配电箱应分别设置）；用电设备或插座的电源宜引自末级配电箱，当一个末级配电箱直接控制多台用电设备或插座时，每台用电设备或插座应有各自独立的保护电器；供电线路采用架空或地埋方式，所有用电设施应做好接地或防雷；办公、生活用电器具应符合国家产品认证标准，办公、生活设施用水的水泵电源宜采用单独回路供电，生活、办公场所不得使用电炉等产生明火的电气装置，自建浴室的供用电设施应符合现行行业标准关于特殊场所的安全防护的有关规定，办公、生活场所供用电系统应装设剩余电流动作保护器；接引、拆除电源工作应由维护电工进行，并应设专人进行监护；配电箱柜的箱门上应设警示标识等。

5）工程总承包项目部及各参建单位临建房屋区应当设置消防通道消防车道的宽度不应小于4.0m，净空高度不应小于4.0m；临建房屋区道路周边满足消防车通行及灭火救援要求时，可不设置消防通道，但应进行明显标识。应配备符合消防标准要求的灭火器材和数量，并定期检查、维护、保养。

6）工程总承包项目部及各参建单位应将施工现场的办公区、生活区与作业区分开设置，并保持25m安全距离。不得在尚未竣工的建筑物内设置员工宿舍。

办公区、生活区和施工作业区应设置导向、警示、定位、宣传等标识，应设有相应卫生清洁设施和管理保洁人员，保持生产、生活环境整洁、卫生。办公区、生活区宜位于建筑物的坠落半径和塔吊等机械作业半径之外。

办公区应设置办公用房、停车场、宣传栏、密闭式垃圾收集容器等设施。生活用房宜集中建设、成组布置，并宜设置室外活动区域。厨房、卫生间宜设置在主导风向的下风侧。

施工现场根据人群分布状况修建公共厕所或设置移动式公共厕所。应根据工程需要，设置急救中心（站），并备有急救药品、止血设备、骨折固定用具、担架、救护车等，并配备通信工具。

工程总承包单位临时建筑施工组织设计和项目现场施工平面布置图，以及相关验收资料必须报监理单位、建设单位备查。

（15）工程总承包单位应做好推进安全生产标准化建设规划。

1）工程总承包项目部及各参建单位在建设工程开工前，应成立“项目安全生产标准化建设推进工作办公室”，进行安全生产标准化建设总体规划，依据建设单位编制的“建设工程项目安全生产标准化建设规划（实施方案）”。制定本单位“推进建设工程项目安全生产标准化建设实施方案”，明确推进建设工程项目安全生产标准化建设的工作内容，分解落实推进建设工程项目安全生产标准化建设创建达标具体责任，确保各管理部门、作业单位及从业人员在安全生产标准化建设过程中的任务职责，确保在预定的时间内完成安全生产标准化建设推进任务，实现建设工程项目安全生产标准化建设达标创建目标。并召开专题会议进行动员、部署。

2）工程总承包项目部的全生产标准化建设推进工作办公室，依据项目部“推进建设工程项目安全生产标准化建设实施方案”，按照建设单位的统一部署安排，适时组织各参建单位开展安全标准化自查整改。

工程总承包单位在开工前，应完成建设单位推进安全生产标准化建设的基本要求。

（16）工程总承包单位应做好安全检查的策划。

工程总承包项目部安全监督检查的主要形式包括综合检查、专项检查、季节性检查、节假日检查、日常检查等。安全检查主要涉及安全生产规章制度是否健全、完善，安全设备、设施是否处于正常运行状态，从业人员是否具备应有的安全知识和操作技能以及所佩戴的劳动防护用品是否符合标准规定、是否存在其他事故隐患等。开工前，主管部门应组织各参建单位，编制“项目安全监督检查管理制度”。并根据安全生产的需要和特点，明确安全监督检查活动的类型、频次和基本要求。

工程总承包项目部应根据本单位的特点、风险分布、危害因素的种类和危害程度等情况，制订检查工作计划，明确参加的人员、检查的对象、任务和频次，按计划、有步骤地开展巡查、检查。检查应针对每个场所、设备、设施，不留死角。对于安全风险大、容易发生生产事故的地点，应当加大检查频次。

开工前，工程总承包项目部主管部门应组织各参建单位对开工安全生产基本条件进行检查确认。

开工前，应将安全生产基本条件的检查、确认工作进行总结，编制检查评价报告，报监理单位、建设单位备查。

（17）做好岗前安全教育培训。

1）开工前，工程总承包项目部应依据建设单位编制“建设工程项目安全教育培训管理制度”，组织各参建单位的“项目安全教育培训管理制度”，以正式文件发布，报建设单位、授权机构备案。按照国家、行业有关规定进行相关的培训，培训大纲、内容、时间应满足有关法律法规、标准规范的规定。

2）工程总承包项目部及其各参建单位应明确安全教育培训主管部门，定期识别安全教育培训需求，由本单位安全生产第一责任人组织制订、实施安全教育培训计划。并保证必要的安全教育培训资源。教育培训内容应包括安全生产和职业卫生等内容。

开工前，工程总承包项目部应根据各级管理人员进场情况，编制教育培训申请单（教育培训实施计划），聘请安全管理专家，结合承担项目的管理要求，编制针对性的培训教材，对本单位管理人员进行教育培训。并通过严格的考核，确保其具备正确履行岗位安全生产职责的知识与能力。建立教育培训记录、个人培训档案。培训活动列入“安全教育培训管理台账”，考试成绩计入个人培训档案留存（此项培训活动可与建设单位沟通，一并举办培训班）。

工程总承包项目部及其各参建单位的入场人员必须经过三级安全教育培训。三级安全教育培训应在项目开工之前进行；三级安全教育培训活动的实施应报告监理单位；三级安全教育培训效果验证应得到监理单位的认可、确认。

3）安全教育培训管控管理部门应安排专人，如实记录施工人员的安全教育和培训情况（主要是培训时间及签到、培训内容、主讲人员以及参加人员、培训评估及总结等），建立安全教育培训档案和施工人员个人安全教育培训档案，并对培训效果进行总结、评估和改进。

工程总承包单位在开工前，应对安全教育培训进行总结，并报监理单位、建设单位备查。

（18）工程总承包单位应做好相关方的安全管理策划。

1）开工前，工程总承包项目部拟定项目部的“项目相关方等安全管理制度”，并根据合同对分包管理的规则，明确对分包（供）单位和主要管理人员的选择和清退标准、合同条款约定和履约过程控制的管理要求。选择的分包（供）单位和主要管理人员的选择均应征得建设单位的同意。

2）开工前应通过招标方式选择合格、合规的分包（供）单位。安全生产监督管理部门协助经营管理部门，按照投标文件对分包商进场的基本条件进行审查。对分包（供）单位的主要管理人员、特种作业人员进行核查、确认，建立合格分包（供）单位名录和档案，明确主管部门，建立沟通、联络通道，定期识别施工管理（服务行为）及履约的安全风险，并采取有效的控制措施。同时将分包（供）单位纳入项目管理范畴，同标准、同考核、同培训、同检查。

3）分包（供）单位进场前，应与其签订施工（租赁、服务）合同。并签订安全生产协议，明确规定双方的安全及职业卫生防护的责任和义务。在开工前，应建立相关方的名录和管理档案。签订安全协议，明确规定双方的安全生产及职业病防护的责任和义务。定期对分包（供）单位人员配置及履职情况、施工（租赁、服务）履约情况、安全生产绩效进行检查、考核与评价。

分包（供）单位的授权人可以与施工单位的授权人签订施工（租赁、服务）合同；分包（供）单位“安全生产协议书”的签订必须是授权机构的安全生产第一责任人。

工程总承包单位在开工前，应将相关管理制度，以及分包（供）单位的相关信息及检查情况报监理单位、建设单位审核、批准。

（19）工程总承包单位应做好应急管理和防灾避险策划。

1）应按照有关规定成立项目应急领导机构，明确一名工程总承包项目部领导具体负责日常的应急管理工作；成立工程总承包项目部应急管理综合协调部门，配置一名专职应急管理人员，负责日常的应急值守；明确工程总承包项目部专项突发事件应急管理分管部门，具体负责现场处置方案的管理。

工程总承包项目部各层级应急管理人员其任职资格和配备数量，应符合国家和行业的有关规定，并明确具体的应急管理职责。应急管理组织体系的相关信息向建设单位告知，并在相应的场所进行公示。

2）工程总承包项目部应急管理综合协调部门应组织各参建单位，根据风险评估情况、岗位操作规程以及风险防控措施，组织编制项目综合应急预案、生产安全事故应急救援预案、超标洪水应急救援预案、自然灾害应急救援预案、危险化学品事故应急救援预案、公共卫生（群体）事件应急救援预案。专项突发事件应急管理分管部门应当根据风险评估情况、岗位操作规程以及风险防控措施，组织现场作业人员及安全管理等专业人员，并针对危险性较大的场所、装置或者设施、危险作业活动，以及垮（坍）塌、火灾、爆炸、触电、中暑、机械设备、交通肇事、自然灾难等突发事件，编制本部门、作业班组的相应现场处置方案。并编制危险性较大的场所、装置或者设施、重点岗位、人员应急处置卡。

工程总承包项目部的各项应急预案应按规范要求进行评审、发布。开工前，有针对性地组织现场处置方案的培训、演练。

3）应急管理综合协调部门应当组织开展各类突发事件应急救援预案的培训工作，保证从业人员具备必要的应急知识，掌握风险防范技能和事故应急措施。教育培训情况应当记录在案。

开工前，组织一次“项目综合应急预案”与“生产安全事故应急救援预案”的演练，满足应急管理工作的各项要求。

4）应急管理综合协调部门应按照有关规定及相关预案的救援要求设置应急设施，配备应急物资装备。建立应急物资、装备储备和管理台账，并确保其完好、可靠、数量准确。同时编制“防护装备及应急救援器材、设备、物资清单”报监理单位、建设单备案。

开工前，应急管理和防灾避险策划应满足开工后突发事件的应对工作。留存相关的资料、记录。

4 水电EPC项目安全生产责任清单与负面清单编制依据

4.1 水电工程EPC项目安全生产责任清单的重要性

我国水电建设事业迅猛发展，技术日益成熟，逐步发展为水电大国、强国，完成了从“融入”到“引领”的转变。随着与国际接轨的不断深入，国家在政策层面不断推动建设体制改革，水电行业建设管理体制从鲁布革水电站到二滩水电站，从三峡水电站再到今天的杨房沟水电站，在探索中不断创新和发展，完成了一次次的蜕变。雅砻江流域水电开发有限公司，积极响应国家号召，顺应时代大势，主动担当时代大任，率先在大型水电建设项目中推行EPC模式，对于提升水电行业建设能力和水平有极为重要的意义。

EPC模式在国内水电行业的应用尚处于起步发展阶段，对于建设单位和总承包单位的安全生产责任划分，尚缺乏系统的研究成果。在部分建设工程EPC模式中，纳入项目总承包范围的安全管理工作内容有扩大趋势，减少了建设单位的安全管理工作负担，原本由建设单位承担的安全生产责任转移给了总承包单位。但是，从目前的法理研究和政策制定来看，建设单位和总承包单位的安全生产责任划分没有清晰的界限，安全生产责任界限是否明确将直接影响EPC模式顺利执行。

建立安全生产责任清单，是划分参建单位安全生产责任界限的外显措施：一方面落实我国安全生产责任方针政策和有关安全生产法律法规，另一方面明确建设项目各参建方怎么进行安全生产管理，做到“法定责任必须为”；建立安全生产责任负面清单，明确建设项目各参建方不该干什么，不能“法无禁止皆可为”。安全生产责任清单建立的必要性体现在以下五点：

（1）生产经营单位只有在建立了安全生产责任清单，才能根据实际情况加强劳动保护工作机构或专职人员的工作。

（2）生产经营单位的各级领导人员只有准确掌握了解安全生产责任清单，才能认真贯彻执行国家有关安全生产和劳动保护的法令和制度。

（3）生产经营单位专职安全管理人员只有在掌握了安全生产责任清单内涵，

才能正确开展安全生产管理工作。

(4) 生产经营单位中的生产、技术、设计、供销、运输、财务等各有关专职机构只有在准确了解安全生产责任界限，才能在各自业务范围内对实现安全生产的要求负起责任。

(5) 生产经营单位的职工只有在了解安全生产责任清单内容，才能自觉地遵守安全生产规章制度，不进行违章作业。

可见，安全生产责任清单是安全生产责任的具体表现形式。通过建立安全生产责任清单，来明确规定EPC建设项目各参建单位及其人员的主体责任，是实现水电工程EPC项目安全管理的关键基础环节。安全生产责任清单是落实建设单位、总承包单位和监理单位的主体责任、规范安全生产工作的必要途径，是体现安全管理先进思想、提升EPC建设项目安全管理水平的重要方法，是强化EPC建设项目安全生产基础工作的长效制度，是有效预防控制风险、防范事故发生的重要手段。

4.2 安全生产责任清单编制原则

4.2.1 安全生产责任制的原则

水电工程必须建立安全生产责任体系，按照“党政同责、一岗双责、齐抓共管、失职追责”的总体要求，建立并坚持以下四项原则：①主要负责人对本单位安全生产全面负责的原则；②“管生产必须管安全”“管业务必须管安全”的原则；③“谁主管、谁负责，谁审批、谁负责，谁检查、谁负责”的原则；④“横向到边、纵向到底”的原则，建立健全安全生产责任制，全面落实企业安全生产主体责任。

4.2.2 安全生产责任清单的编制原则

1. 安全生产责任清单与负面清单组成

水电工程EPC项目安全生产责任清单组成：责任条目、建设单位职责、总承包单位职责、监理单位职责、法律法规及标准编号（依据）。

水电工程EPC项目安全生产责任清单负面组成：项目、责任内容、责任单位、法律法规及标准编号（依据）。

2. 清单收录原则

(1) 2000年以前发布的相关法律、法规和标准，本书原则上不选入。

(2) 2001—2005年发布的相关法律、法规和标准，仍在执行中且无替代的，已编入；其他法律、法规和标准原则上不入选。

(3) 2005年以后发布的相关法律、法规和标准，全部入选。

(4) 为了保证本书涉及相关法律、法规和标准的全面性和时效性，截至2020年9月进入报批稿阶段且2021年以后发布实施的相关法律、法规和标准相应更新。

4.3 水电工程EPC项目安全生产责任的法理依据

1. *法律法规*

《中华人民共和国建筑法》第三十六条规定，建设项目要建立健全安全生产的责任制度和群防群治制度；第四十四条规定，建筑施工企业必须依法加强对建筑安全生产的管理，执行安全生产责任制度，采取有效措施，防止伤亡和其他安全生产事故的发生，建筑施工企业的法定代表人对本企业的安全生产负责；第四十五条规定，施工现场安全由建筑施工企业负责。实行施工总承包的，由总承包单位负责。分包单位向总承包单位负责，服从总承包单位对施工现场的安全生产管理。

《中华人民共和国安全生产法》第四条规定，生产经营单位必须遵守本法和其他有关安全生产的法律、法规，加强安全生产管理，建立、健全安全生产责任制和安全生产规章制度，改善安全生产条件，推进安全生产标准化建设，提高安全生产水平，确保安全生产；并在第十八条再次提到，生产经营单位的主要负责人负有建立健全安全生产责任制及相关操作规程等职责；第九十八条指出，生产经营单位未建立专门安全管理制度、未采取可靠的安全措施的将被追究法律责任。

《中华人民共和国职业病防治法》第五条规定，用人单位应当建立、健全职业病防治责任制，加强对职业病防治的管理，提高职业病防治水平，对本单位产生的职业病危害承担责任。

《中华人民共和国刑法》(2011修订版)对于事故的追责及处罚有着详细的说明。其中，有关重大责任事故罪和强令违章冒险作业罪的第一百三十四条规定，在生产、作业中违反有关安全管理的规定，因而发生重大伤亡事故或者造成其他严重后果的，处三年以下有期徒刑或者拘役；情节特别恶劣的，处三年以上七年以下有期徒刑。

《建设工程安全生产管理条例》(国务院令第393号)第四条规定，建设单位、勘察单位、设计单位、施工单位、工程监理单位及其他与建设工程安全生产有关的单位，必须遵守安全生产法律、法规的规定，保证建设工程安全生产，依法承担建设工程安全生产责任。

2. 政策文件

《中共中央国务院关于推进安全生产领域改革发展的意见》（中发〔2016〕32号）第二章要求，企业健全落实安全生产责任制，严格落实企业主体责任，严格追究责任。第四章规定将生产经营过程中极易导致重大生产安全事故的违法行为列入刑法调整范围，可将无证生产经营建设、拒不整改重大隐患、强令违章冒险作业、拒不执行安全监察执法指令等列入刑法调整的范围，直接追究其刑事责任。

《国家发展改革委、国家能源局关于推进电力安全生产领域改革发展的实施意见》（发改能源规〔2017〕1986号）提出电力企业要落实电力安全生产责任，压实企业主体责任，明确监管法定责任，完善安全监管体系，严格依法追究责任；第七章规定，工期确需调整的，必须按照相关规范经过原设计审查单位或安全评价机构等审查，论证和评估其对安全生产的影响，提出并落实施工组织措施和安全保障措施；建设单位要明确勘察、设计、施工、物资材料和设备采购等环节招投标文件及合同的安全和质量约定，严格审查招投标过程中有关国家强制性标准的实质性响应，招标投标确定的中标价格要体现合理造价要求，防止造价过低带来安全质量问题，加强工程发包管理，将承包单位纳入工程安全管理体系，严禁以包代管。加强参建单位资质和人员资格审查，严厉查处租借资质、违规挂靠、弄虚作假等各类违法违规行为；建设单位和监理单位要建立健全专项施工方案编制及专家论证审查制度，严格审查和评估复杂地质条件、复杂结构以及技术难度大的工程项目安全技术措施；施工单位更进一步规范电力建设施工作业管理，完善施工工序和作业流程，严格落实施工现场安全措施，强化工程项目安全监督检查。监理单位要加强现场监理，创新监理手段，实现工程重点部位、关键工序施工的全过程跟踪，严控安全风险。各参建单位要加强施工现场安全生产标准化建设，完善安全生产标准化体系，建立安全生产标准化考评机制，从安全设备设施、技术装备、施工环境等方面提高施工现场本质安全水平，提升电力建设安全生产保障能力。健全现场安全检查制度，及时排查和治理隐患，制止和纠正施工作业不安全行为。加强电力安全生产规章制度标准规范顶层设计，增强规章制度标准规范的系统性、可操作性。电力企业要加大安全生产投入，保证安全生产条件。电力建设参建单位要按照高危行业有关标准，提取并规范使用安全生产费用。推动制定电力企业安全生产费用提取标准，实行安全生产费用专款专用，建立健全政府引导、企业为主、社会资本共同参与的多元化安全投入长效机制，引导企业研发、采用先进适用的安全技术和产品，吸引社会资本参与电力安全基础设施项目建设和重大安全科技攻关。建立健全电力安全生产标准化工作长效机制，推进电力企业安全生产标准化创建工作。

《住房和城乡建设部关于进一步推进工程总承包发展的若干意见》（建市〔2016〕93号）（十一）规定，工程总承包企业应当加强对工程总承包项目的管理，根据合同约定和项目特点，制订项目管理计划和项目实施计划，建立工程管理与协调制度，加强设计、采购与施工的协调，完善和优化设计，改进施工方案，合理调配设计、采购和施工力量，实现对工程总承包项目的有效控制。工程总承包企业对工程总承包项目的质量和安全全面负责。工程总承包企业按照合同约定对建设单位负责，分包企业按照分包合同的约定对工程总承包企业负责。工程分包不能免除工程总承包企业的合同义务和法律责任，工程总承包企业和分包企业就分包工程对建设单位承担连带责任。

《国务院关于特大安全事故行政责任追究的规定》（国务院令第302号）第二条中明确规定对于特大火灾事故、特大交通安全事故、特大建筑质量安全事故、特种设备特大安全事故及其他特大安全事故的防范、发生，将依照法律、行政法规和本规定，给予肇事单位和个人刑事处罚、行政处罚并追究民事责任。

《电力建设工程施工安全监督管理办法》（2015年发改委令第28号）第四条规定，电力建设单位、勘察设计单位、施工单位、监理单位及其他与电力建设工程施工安全有关的单位，必须遵守安全生产法律法规和标准规范，建立健全安全生产保证体系和监督体系，建立安全生产责任制和安全生产规章制度，保证电力建设工程施工安全，依法承担安全生产责任。第六条规定，建设单位对电力建设工程施工安全负全面管理责任，建设工程实行工程总承包的，总承包单位应当按照合同约定，履行建设单位对工程的安全生产责任；建设单位应当监督工程总承包单位履行对工程的安全生产责任。第二十三条规定，电力建设工程实行施工总承包的，由施工总承包单位对施工现场的安全生产负总责。

《关于全面加强企业全员安全生产责任制工作的通知》（安委办〔2017〕29号）要求企业全面落实安全生产主体责任，高度重视企业全员安全生产责任制，建立健全安全生产责任制，加强对责任制度的监督管理。企业要在适当位置对全员安全生产责任制进行长期公示。公示的内容主要包括：所有层级、所有岗位的安全生产责任、安全生产责任范围、安全生产责任考核标准等。企业主要负责人要指定专人组织制订并实施本企业全员安全生产教育和培训计划。企业要建立健全安全生产责任制管理考核制度，对全员安全生产责任制落实情况进行考核管理。企业主要负责人负责建立、健全企业的全员安全生产责任制。企业要按照《安全生产法》《职业病防治法》等法律法规规定，参照《企业安全生产标准化基本规范》（GB/T 33000—2016）和《企业安全生产责任体系五落实五到位规定》（安监总办〔2015〕27号）等有关要求，结合企业自身实际，明确从主要负责人到一线从业人员（含劳务派遣人员、实习学生等）的安全生产责任、责任范围和考核标准。安全生产责任制应覆盖本企业所有组织和岗位，其责任内容、范围、考核标准要简明扼要、清晰明确、便于操作、适时更新。企业一线从业人员的安全生产责任制，要力求通俗易懂。

3. 标准规范

《建设工程项目管理规范》（GB/T 50326—2017）规定，组织应建立安全生产管理制度，坚持以人为本、预防为主，确保项目处于本质安全状态；应根据有关要求确定安全生产管理方针和目标，建立项目安全生产责任制度，健全职业健康安全管理体系，改善安全生产条件，实施安全生产标准化建设；应建立专门的安全生产管理机构，配备合格的项目安全管理负责人和管理人员，进行教育培训并持证上岗。项目安全生产管理机构以及管理人员应当恪尽职守、依法履行职责；应按照规定提供安全生产资源和安全文明施工费用，定期对安全生产状况进行评价，确定并实施项目安全生产管理计划，落实整改措施。

《建设项目工程总承包管理规范》（GB/T 50358—2017）规定，工程总承包企业应按职业健康安全管理和环境管理体系要求，规范工程总承包项目的职业健康安全和环境管理。项目安全管理应进行危险源辨识和风险评价，制订安全管理计划，并进行控制。项目部应根据项目的安全管理目标，制订项目安全管理计划，并按规定程序批准实施。项目部应对项目安全管理计划的实施进行管理，应为实施、控制和改进项目安全管理计划提供资源，应逐级进行安全管理计划的交底或培训，应对安全管理计划的执行进行监视和测量，动态识别潜在的危险源和紧急情况，采取措施，预防和减少危险。项目部应制定生产安全事故隐患排查治理制度，采取技术和管理措施，及时发现并消除事故隐患，应记录事故隐患排查治理情况，并应向从业人员通报。

《建设项目工程总承包合同示范文本》（GF－2011－0216）规定，发包人有权按照合同约定和适用法律关于安全、质量、环境保护和职业健康等强制性标准、规范的规定，对承包人的设计、采购、施工、竣工试验等实施工作提出建议、修改和变更，但不得违反国家强制性标准、规范的规定。承包人全面负责其施工场地的安全管理，保障所有进入施工场地的人员安全。

《企业安全生产标准化基本规范》（GB/T 33000—2016）规定企业开展安全生产标准化工作，应遵循“安全第一、预防为主、综合治理”的方针，落实企业主体责任。以安全风险管理、隐患排查治理、职业病危害防治为基础，以安全生产责任制为核心，建立安全生产标准化管理体系，全面提升安全生产管理水平，持续改进安全生产工作，不断提升安全生产绩效，预防和减少事故的发生，保障人身安全健康，保证生产经营活动的有序进行。

《电力工程建设项目安全生产标准化规范及达标评级标准（试行）》（电监安全〔2012〕39号）规定了电力工程建设项目安全生产的目标、组织机构和职责、安全生产投入、法律法规与安全管理制度、教育培训、施工设备管理、作业安全、隐患排查和治理、重大危险源监控、职业健康、应急救援、事故报告调查和处理、绩效评定和持续改进等十三个方面的内容、要求及达标评级标准，规范了电力工程建设项目安全管理。

综上，建设项目各参建单位应依法依规建立、健全、落实安全生产责任制，安全生产责任应覆盖本企业所有组织和岗位，明确从主要负责人到一线从业人员（含劳务派遣人员、实习学生等）的安全生产责任、责任范围和考核标准。《关于全面加强企业全员安全生产责任制工作的通知》（安委办〔2017〕29号）指出企业要参照《企业安全生产标准化基本规范》（GB/T 33000—2016）和《企业安全生产责任体系五落实五到位规定》（安监总办〔2015〕27号）等有关要求，结合企业自身特点制定完善的安全生产责任制。因此，水电工程EPC模式安全管理责任清单的建立，应依据《企业安全生产标准化基本规范》（GB/T 33000—2016）、《电力建设工程施工安全监督管理办法》（2015年发改委令第28号）和《关于全面加强企业全员安全生产责任制工作的通知》（国能发安全〔2017〕29号），参照《电力工程建设项目安全生产标准化规范及达标评级标准》（电监安全〔2012〕39号），并结合《建设项目工程总承包合同示范文本（试行）》（GF-2011-0216）对建设单位、总承包单位和监理单位安全责任的划分准则，制定参建单位的安全生产责任清单。

4.4 安全生产责任清单编制依据

水电工程采用EPC承包模式，工程总承包单位对承包工程的安全全面负责，能实现“关口前置、重心下移、源头治理、夯实基础”的安全管理目的，能避免出现责任分散效应，增强工程总承包单位安全生产责任感。本清单遵循“安全第一、预防为主、综合治理”的安全生产方针，基于“关口前置、重心下移、源头治理、夯实基础”理念，融合《企业安全生产标准化基本规范》（GB/T 33000—2016）和《电力工程建设项目安全生产标准化规范及达标评级标准》（电监安全〔2012〕39号），参照与EPC安全生产责任相关的法律法规、政策文件和标准规范等法理依据进行编制，具体编制依据如下所述。

1. 安全生产法律法规、政策文件和标准规范

《中华人民共和国刑法》（2017修订版）

《中华人民共和国建筑法》（2011修订版）

《中华人民共和国安全生产法》(2014 修订版)

《中华人民共和国职业病防治法》(2017 修订版)

《中华人民共和国特种设备安全法》(2013 修订版)

《中华人民共和国消防法》(2008 修订版)

《中华人民共和国防洪法》(2007 修订版)

《中华人民共和国道路交通安全法》(2011 修订版)

《建设工程安全生产管理条例》(国务院令第 393 号)

《中共中央国务院关于推进安全生产领域改革发展的意见》(中发〔2016〕32 号)

《国务院关于特大安全事故行政责任追究的规定》(国务院令第 302 号)

《安全生产领域违纪行为适用〈中国共产党纪律处分条例〉若干问题的解释》(中纪发〔2007〕17 号)

《关于全面加强企业全员安全生产责任制工作的通知》(国能发安全〔2017〕29 号)

《电力建设工程施工安全监督管理办法》(2015 年发改委令第 28 号)

《关于推进电力安全生产领域改革发展的实施意见》(发改能源规〔2017〕1986 号)

《电力工程建设项目安全生产标准化规范及达标评级标准》(电监安全〔2012〕39 号)

《住房城乡建设部关于进一步推进工程总承包发展的若干意见》(建市〔2016〕93 号)

《危险性较大的分部分项工程安全管理规定》(住房城乡建设部令〔2018〕第 37 号)

《中央企业安全生产禁令》(国资委令第 24 号)

《中央企业安全生产监督管理暂行办法》(国资委令第 21 号)

《建设项目工程总承包管理规范》(GB/T 50358—2017)

《企业安全生产标准化基本规范》(GB/T 33000—2016)

《建设项目工程总承包合同示范文本》(GF-2011-0216)

《企业安全生产费用提取和使用管理办法》(财企〔2012〕16 号)

《生产经营单位安全培训规定》(安监总局令第 80 号)

《特种设备安全监察条例》(国务院令第 373 号)

《电力建设工程施工安全管理导则》(NB/T 10096—2018)

《四川省安全生产条例》(四川省第十届人民代表大会常务委员会公告第 90 号)

《四川省生产经营单位安全生产责任规定》(四川省人民政府令第 216 号)

2. EPC承包模式管理体制相一致

根据水电工程EPC承包模式管理体制的实际情况，对建设单位、总承包单位、监理单位职责范围进行界定，并对安全生产责任清单分别进行编制。

4.5 安全生产责任负面清单编制依据

安全生产责任负面清单就是将法律、法规和规章明确禁止或限制的安全生产行为或事项梳理出来，坚持以责任问题为导向，根据负面清单加强事中事后监管，充分发挥安全生产监督作用，有效打击安全生产违法行为，推进水电工程安全生产治理法治化、规范化、标准化。

本负面清单融合《企业安全生产标准化基本规范》(GB/T 33000—2016）和《电力工程建设项目安全生产标准化规范及达标评级标准》(电监安全〔2012〕39号）体系，参照与EPC安全生产责任相关的法律法规、政策文件和标准规范等法理依据进行编制，具体编制依据如下：

《中华人民共和国安全生产法》(2014修订版）

《中华人民共和国建筑法》(2011修订版）

《建设工程安全生产管理条例》(国务院令第393号）

《安全生产领域违纪行为适用〈中国共产党纪律处分条例〉若干问题的解释》(中纪发〔2007〕17号）

《电力建设工程施工安全监督管理办法》(2015年发改委令第28号）

《住房城乡建设部关于进一步推进工程总承包发展的若干意见》(建市〔2016〕93号）

《中央企业安全生产禁令》(国资委令第24号）

《企业安全生产标准化基本规范》(GB/T 33000—2016)

《建设项目工程总承包管理规范》(GB/T 50358—2017)

《建设项目工程总承包合同示范文本》(GF-2011-0216)

《电力工程建设项目安全生产标准化规范及达标评级标准》(电监安全〔2012〕39号）

《电力建设工程施工安全管理导则》(NB/T 10096—2018)

4.6 安全生产责任清单使用指南

1. 适用范围

(1) 适用单位：水电工程EPC项目建设、总承包、监理等工程参与单位。

（2）适用人员：参与水电工程 EPC 项目建设的各级领导、管理人员、专业技术人员、安全监督人员、现场施工、设计、监理等相关人员。

2. 水电工程 EPC 项目安全生产责任清单主要内容解读

建设单位职责：水电工程 EPC 项目建设单位对应每个责任条目的安全生产职责细则。

总承包单位职责：水电工程 EPC 项目总承包单位对应每个责任条目的安全生产职责细则。

监理单位职责：水电工程 EPC 项目监理单位对应每个责任条目的安全生产职责细则。

依据：水电工程 EPC 项目建设单位、总承包单位以及监理单位安全生产职责的法律法规及标准。

3. 水电工程 EPC 项目安全生产责任负面清单主要内容解读

责任内容：水电工程 EPC 项目各单位、各部门在安全生产中严令禁止的详细责任细则。

责任单位：水电工程 EPC 项目的建设、总承包、监理等参建单位，不同的负面清单子项目对应不同的参建单位。

依据：水电工程 EPC 项目各单位、各部门在安全生产中严令禁止的详细责任细则所对应的法律法规及标准。

5 水电EPC项目安全风险管理信息化

随着重特大安全生产事故的频繁发生，安全生产风险管理作为防范安全生产事故的重要手段受到国家层面的高度重视。习近平总书记强调“必须坚决遏制重特大事故频发势头，对易发生重特大事故的行业领域采取风险分级管控、隐患排查治理双重预防性工作机制，推动安全生产关口前移，加强应急救援工作，最大限度减少人员伤亡和财产损失”。国务院安委会办公室于2016年10月9日印发《关于实施遏制重特大事故工作指南构建安全风险分级管控和隐患排查治理双重预防机制的意见》，要求准确把握安全生产的特点和规律，坚持风险预控、关口前移，全面推行安全风险分级管控，进一步强化隐患排查治理，推进事故预防工作科学化、信息化、标准化，实现把风险控制在隐患形成之前、把隐患消灭在事故前面。

作为安全风险分级管控和隐患排查治理“双重预防机制”建设的两个方面，隐患排查治理的体系建设启动较早，在2002年施行的《中华人民共和国安全生产法》中已有明确要求，目前已基本做到体系健全、流程清晰，在实施层面的信息化和智能化管理方法已经得到充分应用并取得良好成效。而安全风险分级管控是国家在2016年以来才正式启动实施的专项工作，其出发点和立足点都是以风险和事故的预防为主，属于“治未病”的措施和手段，在实施层面还处于不断探索和实践积累的阶段，其管理体系和工具手段的信息化、智能化应用水平相比隐患排查治理体系还存在着较大的差距和不足。

具体到水电工程建设领域而言，大型水电工程建设具有施工规模大、建设周期长、施工人员和施工机械数量多、施工环境多变、施工中不安全因素和外界影响因素多、事故影响范围大等特点，其安全生产风险管理是一项贯穿工程建设全过程的重要任务和目标。就单一的水电工程建设项目来说，对于参与施工的各参建单位都属于临时性项目，受制于单一施工合同履约周期较短的影响，合同实施单位对安全风险管控往往缺乏系统性和整体性的创新需求，导致大型水电工程建设项目安全风险管控长期处于一种各自为政的低效和碎片化管理状态，缺乏一套科学、系统、高效的安全风险管理体系和方法，造成安全生产风险管理系统性、前瞻性、有效性和及时性存在不足，安全风险管理的盲区和死角较多，难以从根本上遏制生产安全事故的发生。

杨房沟水电站工程是我国首个采用设计施工总承包模式建设的百万千瓦级大型水电工程，安全生产管理亦受到行业内外广泛关注。杨房沟建设管理局为确保安全生产“零伤亡事故”管理目标的实现，在充分研究和分析行业安全生产风险管控现状的基础上，于2016年启动了安全生产风险智能化管理的研究和实践，确立了由杨房沟建设管理局统筹和牵头搭建安全风险管控智能化平台、项目各参建单位全面应用的管理思路，力求真正做到“把安全风险管控定在隐患前面，把隐患排查治理定在事故前面”，进而实现零伤亡事故的安全管理目标。

5.1 安全风险管理信息化实践

杨房沟水电站工程安全生产风险智能化管理创新是在国家强化安全风险管控和隐患排查治理“双重预防机制”建设的总体要求下，对大型水电工程安全生产风险管理的积极探索和实践，通过前瞻性策划、信息化和智能化手段，理清了大型水电工程安全生产风险“管什么、怎么管、管到什么程度”的问题，促进了安全生产风险预控和持续改进的能力的提升。主要创新点有：

（1）对水电工程施工全过程可能涉及的安全生产风险进行预先辨识、评价和分级，建立系统全面的安全生产风险数据库。

（2）建立国内水电工程首个安全生产风险在线管控平台，集成安全生产风险控制措施库，通过电脑软件和手机App随时随地建立、巡视、监控和浏览安全生产风险，通过设置现场风险监控二维码实时定位、扫描录入风险管控情况，极大提高安全生产风险管控措施落实的真实性和及时性。

（3）在多维BIM系统中集成安全风险视监控系统，从宏观层面对工程总体安全生产情况和安全风险管控情况进行全天候实时录像、远程巡视和监控，提升安全风险管理的整体把控能力。

（4）建立安全生产风险体验式培训厅、地下洞室群施工人员智能定位系统、起重机群防碰撞避让系统等多个安全风险辅助系统，从微观层面保障特殊场所和特定环境的安全风险管控能力。

5.1.1 建立水电工程建设全周期安全生产风险数据库

1. 安全生产风险数据库的内容及目的

大型水电工程建设总工期在10年左右，参建单位众多、队伍和人员轮换快，不同单位和不同人员对安全生产风险的认识不尽一致，不同施工阶段面临的安全生产风险也不尽相同，这就导致大型水电工程安全生产风险管理通常存在着标准差异大、管理难度大等问题。

针对这些问题，杨房沟建设管理局依托于杨房沟水电站工程建设，组织开展了大型水电工程全建设期安全生产风险的预先辨识评估工作，通过对水电工程施工准备阶段、主体工程施工阶段和机电安装施工阶段安全生产风险的全面辨识，建立了杨房沟水电站工程安全生产风险数据库。数据库分为公共部分及辅助系统工程、施工准备工程、大坝工程、引水系统工程、地下厂房工程、开关站工程、机电安装工程、金结制安工程8个类别，包含998个类型的安全生产风险点的辨识评价、分级标准和控制措施，基本涵盖了水电工程施工的所有工序和环节。杨房沟水电站工程安全风险数据库相当于安全风险管控的“大字典”，明确了工程安全生产风险管理的对象、措施和目标，解答了安全风险“管什么”和“管到什么程度”的问题。施工单位进场后结合实际直接调用安全风险数据库中的风险分级、管控措施进行现场安全生产风险管控，从源头上解决了安全生产风险管理标准不统一、管理措施差异大、管理难度大等问题。

2. 安全生产风险的分级原则

杨房沟水电站安全生产风险数据库对安全生产风险的辨识评价主要采用LEC法，LEC法是对具有潜在危险性作业环境中的风险大小进行半定量评价的方法，其中L（Likelihood）为发生事故的可能性大小、E（Exposure）为人体暴露在这种危险环境中的频繁程度、C（Criticality）为一旦发生事故会造成的损失后果，风险值$D=LEC$，D值越大，说明风险越大。根据《四川省安全风险分级管控工作指南》及LEC法分级原理，按照风险值（D）的大小将风险等级（R）分为5级（表5.1），在实际安全风险管控中，将2～5级风险纳入风险清单分级管控，分别用红、橙、黄、蓝四色标识；1级风险因其安全影响轻微或几乎没有影响，一般不纳入清单管控，仅作为关注事项。

表5.1　　安全生产风险值与风险等级对照

风险值（D）	＞320	320～160	160～70	70～20	20～0
风险等级（R）	5	4	3	2	1
风险描述	风险极高	高度风险	显著风险	一般风险	稍有风险
标识颜色	红	橙	黄	蓝	

3. 安全生产风险数据库的使用和调整

LEC风险评价法对风险等级的评价一定程度上会受到评价人员的主观影

响，且针对同一个风险点，采用不同的施工方案、不同的作业队伍和不同的监控手段，其实际风险大小也会有所不同，因此建立工程全周期安全风险数据库需要确定每一个施工环节采用的措施工艺方法、施工队伍能力水平、地质地形环境等诸多因素影响程度和评价机制，而且施工过程中任意一项影响因素变化都将可能导致实际安全风险值发生变化，即安全生产风险实际上是动态变化的。为解决此问题，杨房沟建设管理局引入了“初始安全风险等级”和“动态安全风险等级”的概念，对安全生产风险实行动态管理，并建立了初始安全风险等级与动态安全风险等级之间的调整机制。具体做法如下：

（1）初始安全风险等级（标记为 R_1）的确定。采用杨房沟水电站工程可行性研究阶段审查通过的总施工组织设计作为安全风险评价的基础，依据总施工组织设计确定的施工措施工艺、地质地形环境影响和施工管理水平等条件，通过 LEC 法评价得出的风险值（D）即为初始安全风险值，对应的风险等级 R 即为初始安全风险等级 R_1。杨房沟水电工程安全风险数据库即由工程建设全周期初始安全风险值和初始安全风险等级组成的集合，是施工条件符合总施工组织设计边际条件的安全风险初始分级。

（2）动态安全风险值（标记为 R_2、R_3）调整机制。任何事物都是处在不断变化和发展的过程之中，安全生产风险同样如此。动态安全风险值的调整分为两个阶段，第一个阶段（R_2 调整阶段）是在某一个安全风险即将正式纳入监控前，根据实际的安全技术保障条件和施工组织条件与初始安全风险值评定条件进行简单对比，并按照风险等级就高不就低的原则进行调整，即如果实际条件低于初始评定条件则初始安全风险等级（R_1）提升一级后作为动态安全风险等级（R_2），相应的安全监控措施提升一级，此时 $R_2=R_1-1$，$R_2\geqslant 1$；如果实际条件优于初始评定条件，则初始安全风险等级（R_1）保持不变作为动态安全风险等级（R_2），相应的安全监控措施不变，此时 $R_2=R_1$。第二个阶段（R_3 调整阶段）是在某一个安全风险已经纳入实际监控后，按照分层级巡视管控的原则，设定作业人员持证上岗情况、作业人员岗位能力符合情况、班组安全 5min 活动开展情况、班组安全员履责情况、现场安全措施落实情况、现场安全设施完好情况等 6 要素进行动态监管，当安全风险管控巡视人员根据现场情况判定 6 要素中任意一条不满足要求时，现场责令进行整改并记录在案；若下一次巡视时再次发现 6 要素中任意一条不满足要求，则相应的安全风险等级提升一级调整为 R_3，此时 $R_3=R_2-1$，$R_3\geqslant 1$，当 6 要素满足要求后 R_3 降级回 R_2 进行管理。

5.1.2 建立国内水电工程施工首个安全生产风险在线管控平台

为确保安全生产风险数据库能够真正在实践中指导和促进安全生产风险管理，解决安全生产风险管理低效、碎片化的问题，杨房沟建设管理局通过对安全生产风险动态辨识与评估、安全生产风险分级管控、安全生产风险预测预警机制的整合，建立了国内水电工程施工首个安全生产风险在线管控平台，通过PC端（电脑）和移动端（手机App）实现安全生产风险的智能化在线管理，提升工程项目安全生产风险整体管控能力。该平台于2018年正式投入运行（图5.1）。

图5.1 安全生产风险在线管控App

1. 安全生产风险在线管控平台主要功能

杨房沟水电站工程安全生产风险在线管控平台包含风险管理成效、安全保障体系、风险辨识与评估、风险过程管控、风险统计与分析、一周事故警示等功能模块。平台主要功能和界面如下：

（1）风险辨识与评估模块。此模块是在线风险管控的“数据库”（包含8大类共998个类型的安全生产风险点），主要是对杨房沟水电站工程全建设周期可能会面临的风险进行预先辨识与评估，便于风险管控时直接从系统中调取风险辨识成果和控制措施要求。在实际使用过程中，根据管理提升的需要，还可随时向数据库中添加新的风险辨识评价数据。

（2）风险过程管控模块。此模块是风险在线管控平台建设的重点版块，主要由分级管控的发起人建立需要管控的风险清单（从数据库中选取），从风险概况、技术支撑、生产实施、过程监控、综合监督等5个方面着手，确定作业队、工区、项目部三个层级风险管控责任人和巡视周期、管控内容等，各层级管控责任人在现场通过扫描风险管控二维码填写风险巡视情况（包括作业人员持证上岗情况、作业人员岗位能力符合情况、班组安全5min活动开展情况、班组安全员履责情况、现场安全措施落实情况、现场安全设施完好情况等6要素符合性判定）。建设单位和监理单位通过综合监督栏目对安全生产风险管控情况进行监督和指导。

(3) 风险统计与分析模块。此模块主要是以管控矩阵和柱状图、饼状图的形式对在控风险进行分类统计展示，并定期向各级领导短信或邮件推送风险管控情况。分析图表可以按照指定年份、月份和责任部门进行分类统计。

(4) 风险管理成效模块、安全保障体系模块、一周事故警示模块。为资料存储、展示和查询类模块，主要对安全管理体系、风险管控成果、生产安全事故案例等进行收集展示，便于相关人员查询和了解安全管理动态。安全保障体系具体内容包括安全生产方针及目标、安全生产机构及职责、安全生产制度体系建设、作业安全标准化建设、应急预案及演练实施等；风险管理成效具体内容包括安全生产亮点照片收集、安全生产科技成果收集、安全生产标准化达标成果、安全生产问题和事故处理、安全生产考核与奖惩等；一周事故警示模块主要是链接中国安全生产网一周事故警示栏目，抓取后进行本地浏览。

2. 安全生产风险在线管控平台应用实例

当需要进行某一项作业时，通过安全生产风险在线管控平台手机 App 端发起风险管控，在 App 风险管控界面“风险概况”栏目中选择对应的工程项目、工程部位、工序类别、作业内容等，系统自动调取风险数据库中风险辨识评价的初始值，此时可根据实际安全条件的对比对初始风险值进行调整，调整完成后可上传风险点的图片或者视频，然后选定作业队、工区、项目部三个层级安全风险管控责任人的巡视周期和管控责任人，选定该风险点出现变化时短信推送的接收人，最后可以对系统风险数据库自动生成的危险因素和预控措施进行补充完善。以大坝开挖爆破钻孔施工为例（图 5.2）。

风险管控任务建立过程中，技术支撑和生产实施两个栏目涉及技术方案和施工组织设计管理，如果此两项未完成（图中选择“否”时），则风险管控流程会发起一个技术负责人会签的支线流程，并且前面已经选定的风险等级会自动上升一级管理，直至此支线流程得到闭合后风险等级再进行回调。当风险管控任务建立完成后，各层级风险管控责任人通过现场扫描风险管控二维码录入风险巡查情况，在风险过程监控模块中通过日历形式进行表现，三个层级巡视记录分别以圆点、方块和五角星进行图示，其中灰色为系统按照管控流程给定的巡视周期计划（表示还未到执行时间）、绿色为按规定计划进行了巡视扫码（表示已按要求完成）、红色为未按规定巡视扫码（表示未完成且执行时间已过去）。当某一个层级的监控责任人连续 2 次未到风险点所在地扫码并确认风险状态时，系统会将当前风险点管控状态由“在控”调整为“预警”，风险等级自动上调一

图 5.2　安全风险管控流程操作示例

级并向相关短信推送接收人员发出短信预警。同时，如果任一层级巡视责任人在巡视检查时，判定现场 6 要素连续两次出现不符合事项，则风险等级也会上调一级管理，并向相关短信推送接收人员发出短信预警，此部分属于安全生产风险数据库中动态风险等级的自动调整功能。

风险在线管控平台相关巡视记录、预警记录、风险等级升降记录、风险分类统计等均可自动导出备查。

3. 安全风险点现场监控二维码的设置

大型水电工程施工现场安全生产风险点分布错综复杂，监控地点随着工程进展而变化，有的位于高陡边坡、有的位于深切河谷，在实际监控中面临的主要问题：一是容易出现巡视监控上的遗漏；二是难以确保巡视监控人员对监控措施落实的真实性和及时性。

杨房沟建管理局结合安全生产风险在线管控平台，采用在风险点现场设置专用的安全风险监控二维码标识牌，二维码标识牌由风险在线管控平台自动生成导出后制作，内容包括带定位功能的二维码、该风险点的风险等级、主要风险、风险控制措施、各层级管控责任人和巡视周期等。三个层级的风险管控人员按照在线管控平台给定的巡视周期进行巡视检查，现场确认风险状态后扫二维码形成巡视监控记录上传平台，该二维码只能在风险点所在地范围内扫描确认，确保了安全生产风险监控措施落实的真实性和及时性（图 5.3）。

图 5.3　安全风险点现场设置监控二维码

5.1.3　建立安全生产风险视频监控系统，提升风险管控能力

1. 安全风险视频监控系统的建立

近年来，国内水电工程领域出现了以“多维 BIM”为基础的工程全生命周期管理的发展趋势。通过以多维 BIM（Building Information Modeling）模型为基础，进一步同工程施工过程管理深度融合，实现以多维 BIM 模型为主体应用框架，高度整合工程施工进度、安全、质量及费用信息，达到水电站建设管理扁平化，提升管理效益的目的。杨房沟建设管理局以 BIM 技术为依托，建立了杨房沟水电站工程主体建筑的设计三维信息模型、动态施工三维信息模型，并在多维 BIM 系统中集成了面向杨房沟水电站工程全局的安全风险视频监控系统。

杨房沟水电站工程安全风险视频监控系统在主要施工区域安装了 24 台套智能高清摄像头，具备防雨防雷和夜视功能，并可实现 23 倍光学变焦和 360°智能巡航拍摄。通过软件系统和网络传输将24套高清智能摄像头采集的视频信息进行整合，实现基于BIM模型采用三维导航方式的视频监控信息的实时浏览和查询，包括各摄像头的视频画面、视频画面与BIM画面的对比分析、摄像头远程控制、360°全景照片自动生成与展示等，将所有施工环节时刻置于视频监控之下，对施工现场安全生产风险管理和监督提供了极大的便利和支持，对促进全员安全生产风险意识的提升具有极其重要的意义。

2. 安全风险视频监控系统的应用

杨房沟水电站工程安全风险视频监控系统可从宏观层面对工程总体安全生产情况和安全风险管控情况进行远程巡视和监控，各级管理人员利用电脑软件可在30min内完成对所有施工作业面的视频巡视，通过摄像头变焦操作监控视频，可以对作业人员安全帽、安全带等个人防护用品使用情况，以及现场安全措施落实情况、安全风险点管控情况等进行远程巡视，绝大部分安全问题和施工问题均可通过视频发现和发起整改，极大地提升了安全风险管理的整体把控能力（图5.4）。

图5.4 安全生产风险视频监控画面

5.1.4 建立多个安全生产风险辅助系统，保障风险管控成效

为提升特定项目和场所的安全生产风险管控能力，杨房沟建设管理局建立了安全生产风险体验式培训厅、地下洞室群施工人员智能定位系统、起重机群防碰撞避让系统等多个安全风险管理辅助性系统，从微观层面提升特殊场所和特定环境的安全风险智能化管理水平。

1. 建立国内水电工程首个安全生产风险体验式培训厅

为解决作业人员安全生产风险意识淡薄，对工作环境可能面临的安全生产风险认识不足等问题，杨房沟建设管理局建立了国内水电工程施工首个“安全生产风险体验式培训厅”，专门对作业人员开展安全生产风险体验式培训。

体验厅共设置高空坠落、安全帽撞击、密闭空间作业、平衡木、平台倾斜、护栏倾倒、安全用电、起重作业等17个安全风险相关体验培训项目，通过以实景模拟、图片展示、案例警示、亲身体验等直观的拓展培训方式，将水电工程施工现场常见风险、危险行为与事故类型具体化、实物化，让体验人员通过视觉、听觉、触觉等直观感受来体验危险行为的发生过程和后果，感受事故发生瞬间的惊险，从而提高安全风险防范意识，增强自我保护意识，避免事故的发生（图5.5）。

图5.5　作业人员安全生产风险体验式培训

2. 建立国内水电工程首个地下洞室群施工人员智能定位系统

杨房沟水电站工程引水发电系统在坝址左岸山体不到0.4km^{2}的区域内共布置了体型各异、大小不等的洞室近40条，累计总长度超过12km。这些洞室规模庞大、纵横交错、对外洞口少、空间关系复杂，施工安全风险高。为降低洞内施工人员安全风险，提升应急救援能力水平，杨房沟建设管理局组织建立了国内水电工程首个地下洞室群施工人员智能安全定位系统，实时动态掌握洞内施工人员数量和分布情况。其功能和原理如下：

（1）设置洞室门禁通道系统。门禁系统主要由主机、道闸、三辊闸、读卡器等组成，主要是利用自动刷卡机制统计人员的进出情况，禁止非工作人员私自进出施工区域。门禁系统实行人车分流通过，给人员和车辆配置电子感应标签，自动感应通行（图5.6）。

图 5.6 人员/车辆门禁通道系统

(2) 设置人员智能定位系统。主要由监控主机、洞室人员管理系统软件、读卡基站、人员识别卡、传输数据接口转换器等组成。采用 485 总线方式传输定位信息，从每个隧洞口开始，每隔 150m 装一台定位基站，当距离超过 800m 的时候，另外再增加中继器设备（用以延长 485 信号传输）。根据定位基站读到卡的信息定位施工人员所在隧洞内位置，在电脑三维图上显示人员当前位置。洞室人员安全管理系统软件还集成了人员进出考勤定位功能，能显示洞室内部人员和其他监控物体的动态分布情况、数量以及其所在的位置，同时具有选择跟踪、实时跟踪、位置查询和个人定位等功能（图 5.7）。

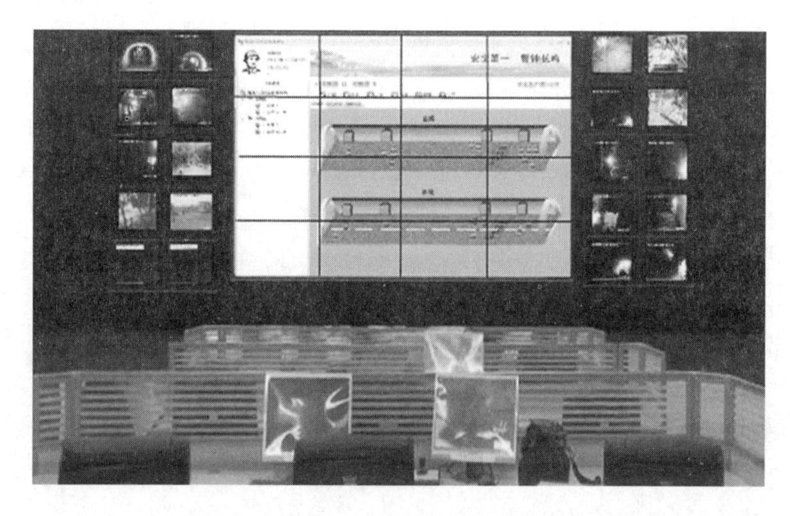

图 5.7 智能定位系统后台管理指挥中心

3. 建立起重机群防碰撞避让系统

杨房沟水电站工程现场布置有大型起重吊装特种设备20台（套），主要包括缆索起重机、圆筒门式起重机、塔式起重机、桥式起重机等。由于现场施工场地狭窄，1台MQ900B门机、1台C7050塔机、1台M900塔机、3台缆机工作区域相互交叉，存在发生碰撞的可能性，安全生产风险管理难度大。为解决此问题，杨房沟建设管理局经过充分论证，组织安装了大型起重机群防碰撞避让系统，降低了起重设备运行干扰、消除了相互碰撞的安全生产风险。防碰撞系统主要功能和原理如下：

（1）防碰撞避让系统工作原理。采用3坐标定位法将吊车设为主、从吊车，任何一台吊车在交叉区域内工作时，通过3坐标限制其他吊车的工作回转范围；通过传感器检测吊钩的实时高度与设备的相对坐标来限制吊钩的运行空间区域；在吊车臂杆两边安装毫米波雷达，对进入检测区域的障碍物进行主动探测，防止臂杆发生碰撞（图5.8）。

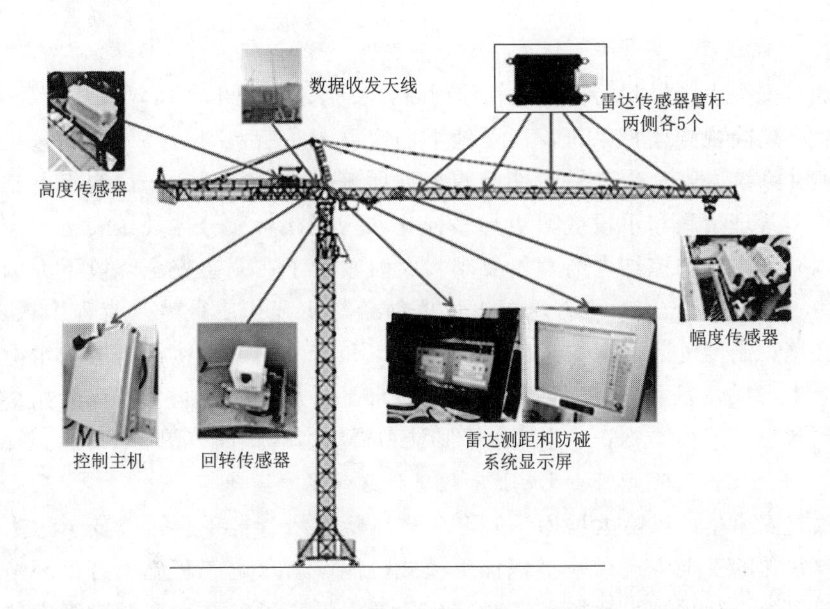

图5.8　起重设备防碰撞避让系统安装

（2）防碰撞避让系统的软件操作。每台起重设备操作室安装一套触摸屏工控机，以动画形式显示各防撞设备位置和工作状态的三维模型，在设备之间可能发生碰撞时，在显示屏上显示颜色变化和声光报警，之后工控主机输出停机指令，防止继续操作发生碰撞事故。不需要把数据上传到服务器，可以在现地进行快速处理，只把位置信息上传到其他起重设备（图5.9）。

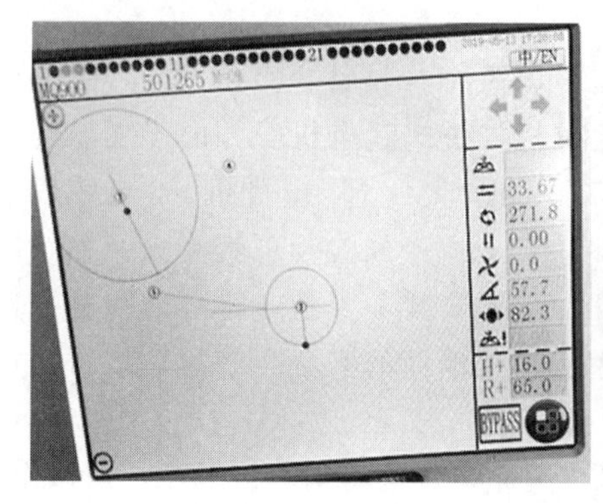

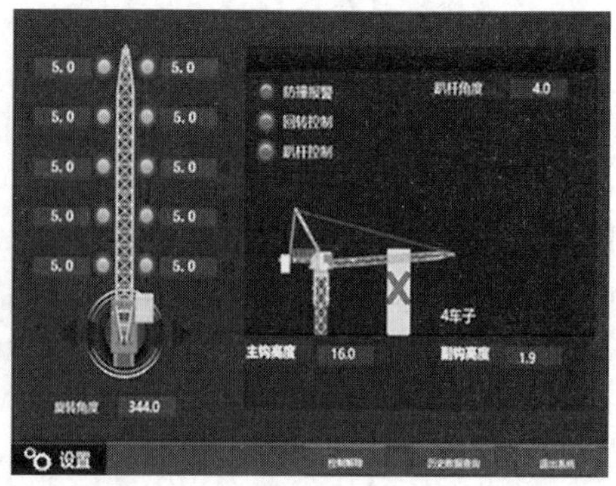

图 5.9 起重设备防碰撞避让系统显示界面

5.2 安全风险管理信息化实施效果

1. 工程本质安全水平和能力得到显著提升

通过安全生产风险的智能化管理创新，特别是安全生产风险在线管控平台、安全生产风险视频监控系统，以及地下洞室群人员智能定位系统、起重机群防碰撞避让系统、安全生产风险体验式培训厅等投入运行后，杨房沟水电站工程安全生产管理措施和手段变得更加多样化和智能化，充分体现了安全生产风险管理以防为主、防控结合的基本要求，大大减少了在复杂安全环境下人因失误的概率。通过安全生产风险智能化管理创新与实践，使得生产流程中人、机、料、环境、制度等诸要素的运转更加流畅与和谐统一，也使得杨房沟水电站工程安全生产风险因素收敛率始终处于较高水平，从而使安全生产风险始终处于受控制状态，工程本质安全生产水平和能力得到显著提高（图 5.10）。

2. 安全生产风险管理的及时性和规范性得到显著提升

通过安全生产风险数据库、安全生产风险在线管控平台，改变了过去临时性和碎片化的安全生产风险辨识评价模式，能够对水电工程施工各个环节的安全生产风险进行预判、预控和实时监控，极大提高了安全生产风险管理的及时性和规范性。

基于安全生产风险在线管控平台使用上简单、便捷、高效的特点，极大地提升了各级各类人员参与安全风险管理的主动性和积极性。在管理过程中充分利用风险数据库这本“大字典”，查询和了解工程安全生产风险管什么、怎么管、管到什么程度，通过现场管理实践和风险管控“大字典”的相互融合，使得作业人员安全生产风险管理能力得到提升，安全生产风险意识得到增强，提升了工程安全生产风险保障能力（图 5.11）。

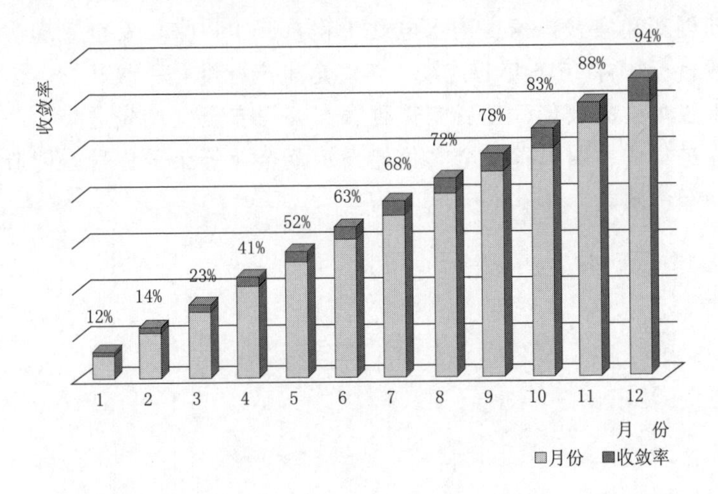

图 5.10 杨房沟水电站 2019 年安全生产风险收敛率变化

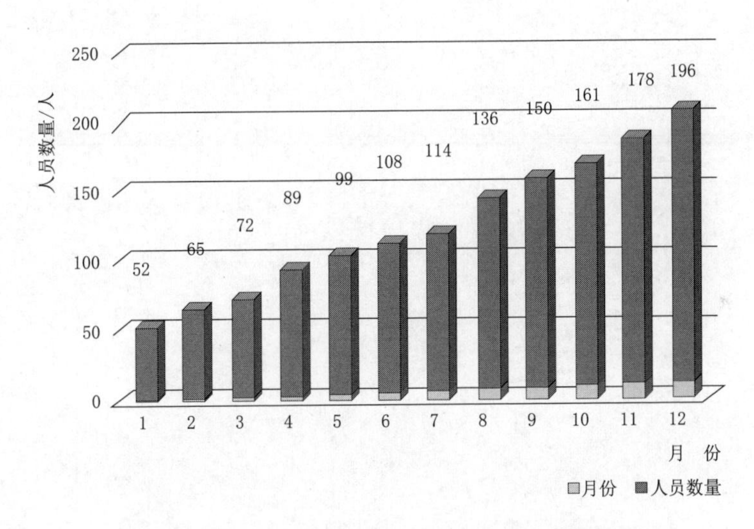

图 5.11 2019 年参与风险在线管控平台人员数量变化

3. 创造了良好的社会效益和经济效益

安全具有正负效益的两重性，即安全生产是潜在的正效益，不安全生产（或发生事故）就是潜在的负效益。从经济的角度看，安全做好了，生产和生活秩序才有保证，就有一定的经济效益和社会效益。安全做不好，不但会危及个人的生命安全，造成经济损失，影响正常生产，甚至会产生负面的社会和政治影响。

杨房沟水电站工程作为国内首个采用设计施工总承包模式建设的百万千万

级水电项目，其安全管理成效亦受到行业内外广泛关注。得益于安全生产风险管理的不断创新和实践，杨房沟水电站工程自开工以来，安全管理实现了“零伤亡”事故目标，自2016年起连续4年安全生产标准化一级达标，多次受到各级政府和上级单位的表彰，先后获得雅砻江公司安全生产先进集体、四川电力安全生产先进集体、四川省安全文化建设示范企业等荣誉称号，创造了良好的社会效益和经济效益。

6 水电 EPC 项目安全管理绩效评价

6.1 安全管理绩效评价理论

6.1.1 水电工程 EPC 项目安全绩效管理研究的意义

目前，我国水电工程项目的安全管理已经进入一个现代化的管理阶段，正在贯彻一种“以人为本”的安全管理理念，“安全第一，预防为主，综合治理”的管理方针也逐渐受到管理层的重视。但是，现在我国水电工程 EPC 项目的安全绩效管理依然没有形成一个有效的系统体系，存在着以下几大问题：

（1）安全绩效概念不清晰。一听到安全绩效，很多人以为就是单一的安全绩效考核，而忽视了安全绩效管理是一个整体的系统，它还包含安全预防和安全绩效等管理原则，也就是说，不能简单地将水电工程项目的绩效管理理解成绩效考核。

（2）安全绩效考核指标不全面。在进行安全绩效考核时，往往基于事故、经济损失等客观结果，而对于安全管理的预防工作和安全投入的具体情况没有纳入指标体系，重事故结果，轻事故预防，这与“预防为主，综合治理”的安全理念相悖。

（3）缺乏有效的安全绩效反馈。安全绩效反馈是实现安全绩效闭环管理的重要一环，准确、迅速的反馈是成功高效管理的前提。安全管理是一项系统又复杂的工程，过程中信息繁多，其内部条件和外部条件都在不断变化，而且工程项目在不断输出信息，有效的安全管理应该是管理者及时捕捉、收集各种反馈的安全信息，及时制定应急补救措施，迅速采取行动控制不安全状态，消除不安全因素，是系统保持安全高效的运行状态。

6.1.2 EPC 项目安全绩效管理模式及模型框架

结合安全管理和绩效管理的思路，联系水电项目 EPC 的特点，安全绩效管理应以目标为导向，以安全生产标准化体系为支撑，以安全绩效指标测评为基础，以结果分析与反馈为重点，进行全员全过程 EPC 项目安全绩效管理（图 6.1）。

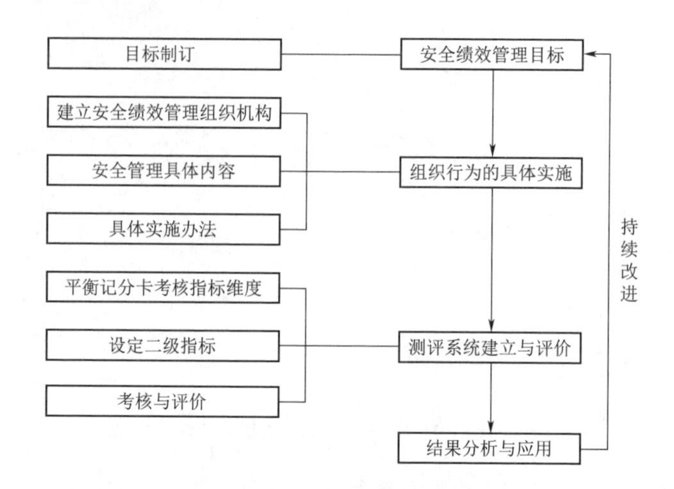

图 6.1　安全绩效管理模型框架

第一，建立自身的安全绩效管理实施体系，根据项目制定相匹配项目特点的安全绩效管理目标。

第二，制定安全绩效管理目标后，管理层应制定总体工作计划，成立组织机构，选定组织机构成员名单与职位，之后再通过组织机构内部制订具体详尽的工作计划以及实施过程中做出的工作任务调整。

第三，实施过程中跟踪实施方法的执行情况和有效性，针对管理过程中的对象进行具体考核，并且记录结果，进行分析，找出目标选择制定过程的缺陷，及时作出目标的调整。

第四，绩效管理持续改进，根据安全生产标准化管理体系的自评结果和安全生产预测预警系统所反映的趋势，以及绩效评定情况，客观分析安全生产标准化管理体系与责任清单的运行质量，及时调整完善相关制度文件和过程管控，持续改进，不断提高安全生产绩效。

整个过程进行下来就形成一个持续改进目标、提高工作方法和效率的良性循环过程。

6.1.3　EPC 项目安全绩效考核指标

针对 EPC 项目安全管理模式，结合平衡记分卡的基本原理。综合施工的内部条件和外部环境、短期效益和长远发展的各种因素，从财务（F）、人员（P）、设备（M）、环境（E）四个维度建立安全绩效管理体系（图 6.2）。本着以人为中心的原则，从建设单位的战略层

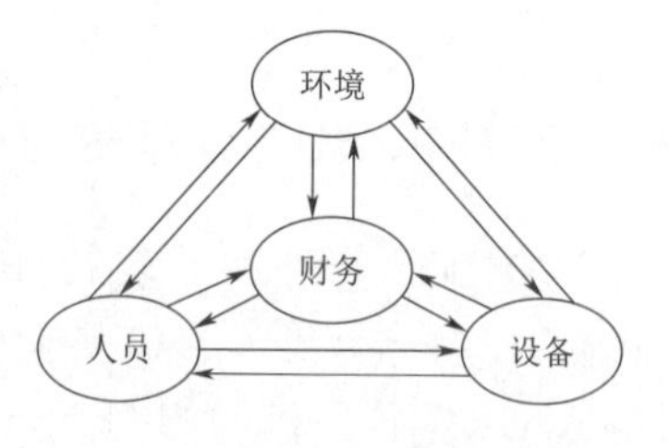

图 6.2　安全绩效四个维度的关系

面出发，将战略目标落实到具体的安全工作上来，从而约束每一项具体工作按建设单位安全战略发展的方向产生安全绩效，使得安全绩效管理体系符合发展需求。

EPC 项目的终极安全目标就是安全收益最大化和发生事故极小化，因此，将平衡计分卡引入安全管理绩效管理中，形成完整的安全绩效管理系统，有利于安全管理水平的提升。

1. 一级指标的设定

人的因素即人的本质安全，指工程项目各参与方相关人员的组织结构、所具备的安全知识与技能、约束其的法律法规和管理制度等。物的因素即在工程建设期具体表现为设备的安全状态，主要是通过施工设备管理等来实现。财务因素即对工程建设安全生产投入、安全教育培训投入等方面的管控实现。环境因素即良好的内外部环境，通过对内部作业环境和外部环境的监控和调整，发现问题并针对具体问题实施有效对策，从而实现内部环境优化和外部环境稳定。

基于平衡计分卡的 EPC 项目安全绩效考核指标采用四维结构，四个维度分别为人员安全、财务安全、设备安全、环境安全。

2. 二级指标的设定

在对 EPC 项目安全管理绩效进行考核测评时，在财务、人员、设备、环境四个维度下设立二级指标。综合考虑水电工程 EPC 项目安全生产责任清单所涉及的 8 个安全理念，对安全管理进行绩效测评和持续改进。

（1）财务维度。财务目标、安全生产投入、安全教育培训投入、事故经济损失、劳保用品和员工保险。

（2）人员维度。人员安全目标、组织结构和职责、应急管理、职业健康、规章制度。

（3）设备维度。设备安全管理目标、设备设施管理。

（4）环境维度。绿色生产目标、作业场所安全管理、安全风险管控、隐患排查治理。

将绩效管理的维度运用到传统的安全管理机构上，通过绩效管理来使安全管理机构充分地发挥出自身对安全的监督和管理作用。可以将现有的安全管理框架作为基础，设置安全绩效管理组织机构，构建平衡记分卡团队，并为相应的职位配备专业的人员，主要负责安全管理相关绩效的制定、实施、信息收集和考评等，通过收集的信息对安全管理进行绩效评价。

3. 测评指标体系构建

测评指标体系构建见表 6.1。

表 6.1 测评指标体系构建

一级指标	二级指标	说明
财务（F）	财务目标 F_1	制订年度安全生产总目标等
	安全生产投入 F_2	按规定提取和使用安全费用，并建立台账等
	安全教育培训投入 F_3	安全培训费用、培训周期等
	事故经济损失 F_4	轻伤、重伤、死亡等事故造成的经济损失等
	劳保用品和员工保险 F_5	员工劳保用品的投入和配置是否符合行业和国家标准等
人员（P）	人员安全目标 P_1	制订职业卫生目标、落实各级人员安全生产责任制等
	组织结构和职责 P_2	组织结构完整，职责健全等
	应急管理 P_3	定期组织员工进行应急培训和演练，提高员工应对危险事故和突发事件的能力等
	职业健康 P_4	定期对员工进行职业健康体检，建立员工健康档案，采取多种措施预防职业病的发生等
	规章制度 P_5	建立健全安全生产和职业卫生规章制度，确保从业人员及时获取制度文本等
设备（M）	设备安全管理目标 M_1	设备缺陷消除率达标，生产运行状态安全可靠等
	设备设施管理 M_2	定期对施工设备进行修建维护，建立健全设备管理制度等
环境（E）	绿色生产目标 E_1	以节能、降耗、减污为目标，以管理和技术为手段，实施工业生产全过程污染控制，使污染物的产生量最少化等
	作业场所安全管理 E_2	定期安排专职人员检查作业场所等
	安全风险管控 E_3	对重大危险源工艺参数危险物质等进行定期检测等
	隐患排查治理 E_4	定期安排专职人员检查隐患等

6.2 杨房沟水电 EPC 项目安全管理绩效评价结果

6.2.1 评价方法

在选择评价方法时，既要考虑该种方法在确定研究内容上的优势与不足，同时又要遵循合理性、充分性、系统性、针对性的原则。本书选取 AHP 模糊综合评价法作为杨房沟水电 EPC 项目安全管理绩效评价的基本方法。该方法可以将一些定性或难以精确定量的数据定量化。首先通过层次分析法获得权重指标，来描述不同绩效影响因素重要程度的大小。在此基础上建立安全管理绩效的模糊综合评价模型，设置绩效水平等级划分，根据专家打分建立隶属度矩阵，最终通过运算求得绩效模糊综合评价值，获得绩效水平等级。

通过发放和回收专家问卷调查表，对所建立的杨房沟水电 EPC 绩效评价指标体系的各级各类指标进行权重设置。邀请包含管理层、执行层等各个部门的 10 位专家参加该问卷调查，分别对准则层和指标层的指标因素进行一对一比较，建立指标权重判断矩阵。问卷采用 1～9 标度法，数字标度的含义及说明见表 6.2。

表 6.2　　数字标度的含义

重要性级别	含　义	说　明
1	同样重要	两因素比较，具有相同的重要性
3	稍微重要	两因素比较，一个因素比另一个稍微重要
5	明显重要	两因素比较，一个因素比另一个明显重要
7	非常重要	两因素比较，一个因素比另一个重要得多
9	极端重要	两因素比较，一个因素比另一个极端重要
2、4、6、8	—	上述相邻判断的中间值

将权重判断矩阵 B 中的每一行元素相乘，计算出 M_i 为

$$M_i=\prod b_{ij} \tag{6.1}$$

计算以其层级指标个数 n 对 M_i 求方根为

$$\overline{W}_i=\sqrt[n]{M_i} \tag{6.2}$$

将获得的$\overline{W_i}=[\overline{W}_1,\ \overline{W}_2,\ \cdots,\ \overline{W}_n]^T$ 进行归一化处理，获得

$$W=(w_1,\ w_2,\ \cdots,\ w_n) \tag{6.3}$$

其中，W_i 为各绩效指标权重。

计算每个判断矩阵的最大特征值为

$$\lambda_{\max}=\sum\frac{(BW)_i}{nW_i} \tag{6.4}$$

为了保证应用层次分析法分析得到的结论基本合理，故需计算一致性指标 CI 和一致性比例对判断矩阵进行一致性检验。

$$CI=(\lambda_{\max}-n)/(n-1) \tag{6.5}$$

$$CR=CI/RI \tag{6.6}$$

若 $CR<0.1$，则认为判断矩阵通过一致性检验，W_i 即为我们所要求解的各绩效指标权重。反之，若 $CR\geqslant 0.1$，则需重新评价，直到满足上述条件。一致性指标 RI 取值见表 6.3。

表 6.3　一致性指标 RI 取值

矩阵阶数	1	2	3	4	5	6	7	8	9	10	11	12
RI	0	0	0.58	0.9	1.12	1.24	1.36	1.41	1.46	1.49	1.52	1.54

模糊综合评价法基于模糊数学的隶属度理论，可将定性的评价转为定量评价。设置风险等级划分，根据专家打分建立隶属度矩阵，最终通过运算求得风险模糊综合评价值，获得风险等级。其计算流程如下：

（1）确定绩效评价准则。安全管理绩效水平等级见表 6.4。

表 6.4　安全管理绩效水平等级

绩效等级	取值范围	绩效等级	取值范围
低绩效	0～0.2	较高绩效	0.6～0.8
较低绩效	0.2～0.4	高绩效	0.8～1
中等绩效	0.4～0.6		

（2）构建隶属度矩阵。隶属度矩阵 R 是表示各个指标对于评语集各个级别的隶属度的矩阵。

$$R=\begin{bmatrix} r_{11} & r_{12} & \cdots & r_{1k} \\ r_{21} & r_{22} & \cdots & r_{2k} \\ \vdots & & & \vdots \\ r_{n1} & r_{n2} & \cdots & r_{nk} \end{bmatrix}$$

式中：$r_{ij}(i=1,2,3\cdots,n;\ j=1,2,3,\cdots,k)$ 为第 i 个指标对于第 j 个评语等级的隶属度；R 为该模型的模糊关系矩阵。

（3）模糊综合评价求解。根据指标权重 W 和矩阵 R，建立模糊综合评价模型 B：$B=WR$，然后根据最大隶属度原则，确定最终模糊综合评价等级。

建设工程项目安全管理绩效评价指标体系的构建，首要的任务是先明确绩效的评估指标。指标体系的构建应在一定程度上减少外界因素的干扰，遵循科学性、系统性、适用性以及全面性，以确保实现安全管理绩效评价的目标。

平衡记分卡以平衡为基础，从不同时间与不同空间来衡量绩效评价，在财务、目标、内外部方面都起到了平衡作用。它规避了过去只重视财务目标的缺点。与传统绩效评价方法相比，平衡记分卡的优势在于评价维度可以兼顾多方利益相关者的需求，同时能够明确绩效评价的战略目标。平衡记分卡具有以下特点：

(1) 提高管理效率。通过运用平衡记分卡进行管理绩效分析，可以全面考虑，将诸多因素联系到一起，缩短解决问题的时间，进而高效地实现战略目标。同时，平衡记分卡结合了企业的多种元素，使得管理者共同合作，有序分工，分析业绩资料，调整战略决策以适应新的形势。

(2) 减少了信息处理。平衡记分卡以信息为基础，全面考虑企业业绩驱动因素。在进行绩效管理的过程中，会出现新的问题，导致新的信息指标也会增加，影响管理者的效率。而平衡记分卡可以筛选管理过程中的各项指标，节约了不必要的时间。

6.2.2 评价指标体系

EPC项目的终极安全目标就是安全收益最大化和发生事故极小化，因此，将平衡计分卡引入安全管理绩效管理中，形成完整的安全绩效管理系统，有利于安全管理水平的提升。针对EPC项目安全管理模式，结合平衡记分卡的基本原理。综合施工的内部条件和外部环境、短期效益和长远发展的各种因素，确定最终指标体系的指标因素，构建杨房沟水电EPC项目安全管理绩效评价指标体系，包括4个一级指标（财务、人员、设备、环境），16个二级指标的综合评价指标体系（图6.3）。

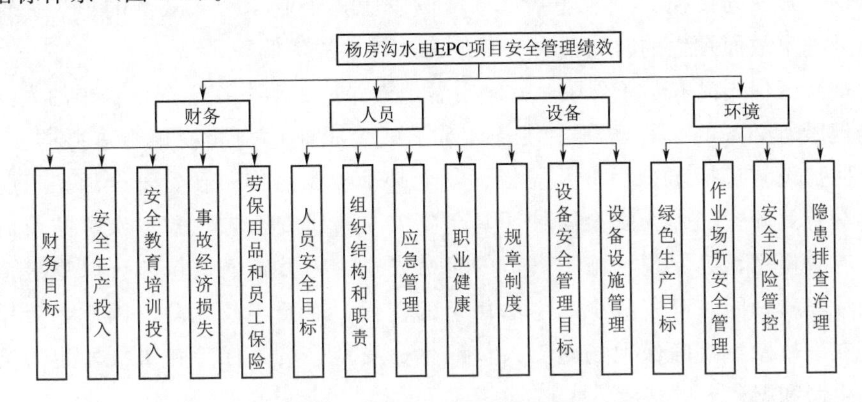

图6.3 安全管理绩效评价指标

1. 财务

(1) 财务目标。财务目标主要包括制定安全生产总目标。安全生产目标是指在一定时期内对安全生产管理绩效的期望成果。其按时间可以划分为总体目标和年度目标。安全生产目标的设定是安全生产目标管理的核心，设定的目标是否合理、得当，影响着职工参加管理的积极性，关系着安全管理的成效。目标设定的原则应包括可行性原则，突出重点原则、综合性原则等。

（2）安全生产投入。足量、及时的安全投入是建设单位安全生产最基本的保障。安全生产费用是指企业按照规定标准提取，在成本中列支，专门用于完善和改进企业安全生产条件的资金。安全投入应能充分保证安全生产的需要，提高企业安全生产管理水平，为企业安全文明施工提供资金保障。根据《中华人民共和国安全生产法》中规定建设工程施工企业以建筑安装工程造价为计提依据。房屋建筑工程、水利水电工程、电力工程等安全费用提取标准为2.0%。

（3）安全教育培训投入。安全教育培训的目的是提高全员安全意识素质，保障从业人员的生命与财产安全，减少和防止生产安全事故。《建筑企业职工安全培训教育暂行规定》明确指出，企业应建立健全安全教育培训制度，并按照有关规定进行培训。对于建筑企业新进场的工人，必须接受三级安全培训教育，经考核合格后，方能上岗。安全教育培训主要包括培训教育管理、管理人员培训、日常安全教育、从业人员培训、新从业人员培训、其他人员培训等6个方面。

（4）事故经济损失。事故经济损失是指企业职工在劳动生产过程中发生伤亡事故所引起的一切经济损失，包括直接经济损失与间接经济损失。直接损失是与事故直接相联系的，一般包括企业支付受伤工人的医疗费用以及支付受伤工人的工资。间接损失一般包括如事故的发生，企业停产、减产的损失；管理人员处理事故而发生的时间损失；其他工人效率的降低等。

（5）劳保用品和员工保险。劳保用品是指保护劳动者在生产过程中的人身安全与健康所必备的一种防御性装备，对于减少职业危害起着相当重要的作用。安全防护设施包括防护栏杆及盖板、安全脚手架及操作平台、安全通道、防落天棚等有效配置。个人安全防护用具包括安全带、安全帽、救生衣等的及时发放和有效使用，确保现场施工人员的生命安全。为员工购买保险可以稳定企业的永续经营，同时可以减少雇主法律上的责任，降低经营风险。因此，劳保用品是在事故发生前确保现场施工人员的生命安全，员工保险在事故发生后给予员工生命和财产上的保障。

2. 人员

（1）人员安全目标。为加强安全管理，明确责任，确保员工生命安全，企业应制定建立健全安全生产管理机制，制定完善安全生产管理制度，明确安全生产职责，按时召开安全生产例会，及时研究、协调、解决本部门出现的各类和安全生产有关的问题。例如制定职业卫生目标、落实各级人员安全生产责任制等，以此增强人员的安全意识和责任意识。

(2) 组织结构和职责。安全管理目标的实现，需依托相应的管理组织。在水利工程等重大建设项目施工过程中，建立合理的安全管理组织机构是有效进行安全生产指挥、监督和审查的保证。企业应在内部建立规章制度，指导和规范组织内部人员的行为。指导和规范组织内部人员的行为。建设工程项目安全管理机构的设置情况包括安全管理组织机构的结构体系、组织规模岗位设置等。根据项目规模和特点，合理选择安全管理组织结构类型。做好组织岗位划分以及岗位职责权利的设置。

(3) 应急管理。制定安全应急管理制度可以加强和规范企业突发事件应急工作的管理，最应急救援预案应当包括应急救援组织、危险目标、启动程序、紧急处理措施等内容。最大限度地预防和减少突发事件对其造成的伤害，保障人员生命和企业财产安全。定期组织对企业应急救援预案的修订、每年至少组织一次应急演练，当发生突发事件后，可以采取有效措施，迅速展开应急处置工作。

(4) 职业健康。为保障员工的身体健康，消除职业性危害，预防职业病的发生，提高劳动效率，应定期对员工进行职业健康体检，建立员工健康档案，采取多种措施预防职业病的发生。进行职业健康检查对保障劳动者身体有利，是劳动者的合法权益，企业等用人单位，应按照《职业病防治法》相关规定定期组织从事职业危害作业的劳动者进行职业健康检查，切实保护劳动者身体健康。

(5) 规章制度。建立和落实工程项目的安全生产责任制度、安全生产应急救援制度、安全资金投入与保障制度等各种制度，确保从业人员及时获取制度文本。不同层级的管理人员应该逐级分配好个人安全管理责任，做到责任到人，各司其职，提高安全管理的效果。

3. 设备

(1) 设备安全管理目标。设备安全管理目的是要在设备寿命周期的全过程中，采用各种技术措施，如设计阶段采取安全设计，提高防护标准，使用维修阶段制订安全操作规程、安全改造、改善维修等；组织措施，如安全教育、事故分析处理、安全考核审查等，消除一切使机械设备遭受损坏、人身健康与安全受到威胁和环境遭到污染的因素或现象，避免事故的发生，实现安全生产，保护职工的人身安全与健康，提高企业经营管理的经济效益。

(2) 设备设施管理。设备设施管理是对设备、设施进行有效、规范的管理，避免和减少因设施设备引起的事故，保障作业场所内工作人员的安全和健康。安全物资的采购与维护管理包括采购部门设置、物资管理制度的建立和安全物资采购和管理计划。根据项目组织规模、工程特征、实施检测计划的编制安全物资采购计划，提前采购，确保供应链的不断。

4. 环境

（1）绿色生产目标。绿色生产是指以节能、降耗、减污为目标，以管理和技术为手段，实施工业生产全过程污染控制，使污染物的产生量最少化的一种综合措施。有效的管理方式，节约能源，减少对环境的污染外对企业安全生产绩效是必不可少的环节。安全是无形的节约，事故是有形的浪费。安全生产是人员、物资得以最大化有效利用的必要保障。

（2）作业场所安全管理。为规范生产作业场所管理，确保作业安全，应进行作业场所安全管理。企业建立并保持作业许可管理制度。对动火作业、动土作业、临时用电作业、起重作业、高处作业等危险性作业实施作业许可证，履行严格的审批手续；并针对作业环节根据相应的管理制度，制定控制措施，规范现场安全生产行为。

（3）安全风险管控。切实加强安全风险管控，将安全管理重点前移，从加强制度建设，坚持问题导向完善闭环监管机制等方面入手，梳理安全生产过程中人、机、料、环境、制度等各环节危点，制定切实有效地管控措施和手段，确保公司运行风险可控、在控，有效防止人身、设备事故，维护系统安全稳定运行。以安全风险管控作为抓手，落实安全生产主体责任，逐级明确安全目标，层层落实安全责任，强化安全监督管理，进一步夯实安全生产基础，防止发生人身、设备事故。

（4）隐患排查治理。隐患排查治理标准的核心内容是对隐患进行合理分类，分类既是对分散于众多法律、法规、规章、标准、规程和安全生产管理制度中隐患描述项的归纳、提炼，又是隐患排查治理标准核心内容组织的关键。隐患分类既方便于生产经营单位开展隐患自查自报工作，又有利于政府部门对生产经营单位的隐患分布进行统计分析。

6.2.3 评价结果

绩效水平准则层判断矩阵及其特征向量的求解，并进行一致性检验。

$$B=\begin{bmatrix}1 & 1/3 & 1/5 & 1/7\\3 & 1 & 1/5 & 1/6\\5 & 5 & 1 & 1/2\\7 & 6 & 2 & 1\end{bmatrix}$$

将权重判断矩阵中每行数字相乘，获得乘积 W_i，并计算以其层级指标个数 n 对 W_i 求方根。$W_i=\sqrt[n]{M_i}$，向量$\overline{W_i}=[\overline{W_1}，\overline{W_2}，\cdots，\overline{W_n}]$正规化，即

$$W_i=\overline{W_i}/\sum\overline{W_i}$$

$$W=[0.054, 0.0972, 0.3252, 0.5236]$$

判断矩阵的最大特征根 $\lambda_{max}=0.719$，$CR=-1.2152<0.1$，符合一致性检验要求，则 W_i 为每个一级指标对安全管理绩效水平的影响程度。

根据第二层指标财务的判断矩阵 C_1，计算权重向量 W_1 为

$$C_1=\begin{bmatrix}1 & 1/5 & 1/3 & 5 & 3\\ 5 & 1 & 3 & 7 & 7\\ 3 & 1/3 & 1 & 4 & 4\\ 1/5 & 1/7 & 1/4 & 1 & 1\\ 1/3 & 1/7 & 1/4 & 1 & 1\end{bmatrix}$$

求得权重向量 $W_1=(0.1376, 0.5151, 0.2396, 0.0512, 0.0565)$。求得判断矩阵 C_1 的最大特征值 $\lambda_{max}=0.719$，一致性比例 $CR=-0.9554<0.1$，符合一致性检验要求。根据第二层指标人员的判断矩阵 C_2，计算权重向量 W_2 为

$$C_2=\begin{bmatrix}1 & 1/5 & 1/5 & 1/2 & 1/2\\ 5 & 1 & 3 & 4 & 4\\ 5 & 1/3 & 1 & 2 & 2\\ 2 & 1/4 & 1/2 & 1 & 1\\ 2 & 1/4 & 1/2 & 1 & 1\end{bmatrix}$$

求得权重向量 $W_2=(0.0548, 0.4118, 0.2011, 0.1043, 0.1043)$。求得判断矩阵 C_2 的最大特征值 $\lambda_{max}=0.8424$，一致性比例 $CR=-0.928<0.1$，符合一致性检验要求。根据第二层指标设备的判断矩阵 C_3，计算权重向量 W_3 为

$$C_3=\begin{bmatrix}1 & 4\\ 1/4 & 1\end{bmatrix}$$

求得权重向量 $W_2=(0.8, 0.2)$。求得判断矩阵 C_3 的最大特征值 $\lambda_{max}=2$，一致性比例 $CR=0<0.1$，符合一致性检验要求。根据第二层指标环境的判断矩阵，计算权重向量 W_4 为

$$C_4=\begin{bmatrix}1 & 1/3 & 1/4 & 1/4\\ 3 & 1 & 1/3 & 1/3\\ 4 & 3 & 1 & 1\\ 4 & 3 & 1 & 1\end{bmatrix}$$

求得权重向量 $W_4=(0.0657, 0.1307, 0.3219, 0.3219)$。求得判断矩阵 C_4 的最大特征值 $\lambda_{max}=0.7393$，一致性比例 $CR=-1.2077<0.1$，符合一致性检验要求。

组合权重计算为

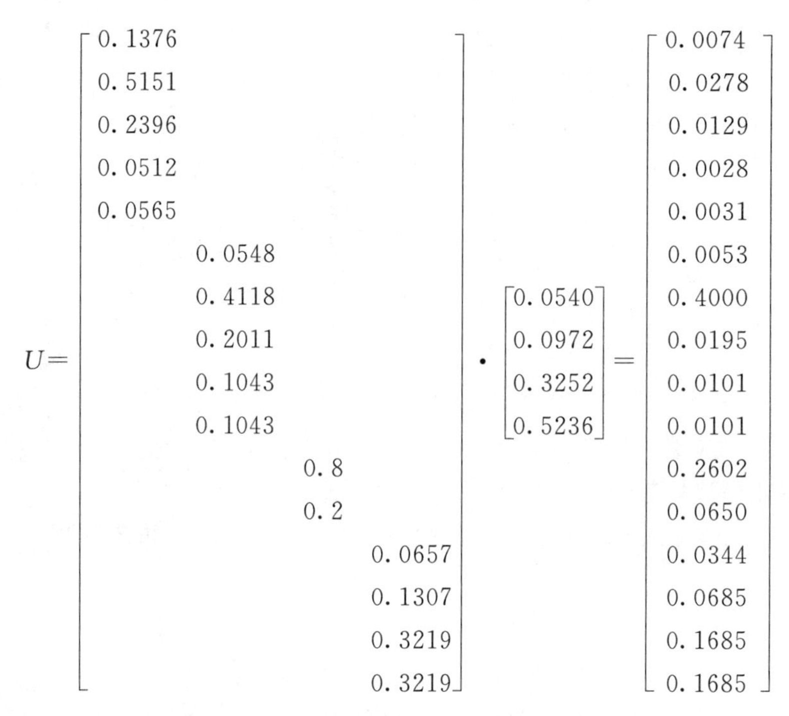

$$U=\begin{bmatrix} 0.1376 & & & \\ 0.5151 & & & \\ 0.2396 & & & \\ 0.0512 & & & \\ 0.0565 & & & \\ & 0.0548 & & \\ & 0.4118 & & \\ & 0.2011 & & \\ & 0.1043 & & \\ & 0.1043 & & \\ & & 0.8 & \\ & & 0.2 & \\ & & & 0.0657 \\ & & & 0.1307 \\ & & & 0.3219 \\ & & & 0.3219 \end{bmatrix} \cdot \begin{bmatrix} 0.0540 \\ 0.0972 \\ 0.3252 \\ 0.5236 \end{bmatrix} = \begin{bmatrix} 0.0074 \\ 0.0278 \\ 0.0129 \\ 0.0028 \\ 0.0031 \\ 0.0053 \\ 0.4000 \\ 0.0195 \\ 0.0101 \\ 0.0101 \\ 0.2602 \\ 0.0650 \\ 0.0344 \\ 0.0685 \\ 0.1685 \\ 0.1685 \end{bmatrix}$$

根据问卷调查得到风险因素的隶属度向量矩阵为

$$R_{16\times 5}=\begin{bmatrix} 0.1 & 0.1 & 0.3 & 0.3 & 0.2 \\ 0.2 & 0.1 & 0.2 & 0.2 & 0.3 \\ 0 & 0.1 & 0.2 & 0.3 & 0.4 \\ 0.1 & 0.2 & 0.2 & 0.4 & 0.1 \\ 0 & 0.2 & 0.2 & 0.4 & 0.2 \\ 0.1 & 0.2 & 0.2 & 0.2 & 0.3 \\ 0.1 & 0.1 & 0.3 & 0.4 & 0.1 \\ 0 & 0.1 & 0.2 & 0.5 & 0.2 \\ 0.2 & 0.1 & 0.2 & 0.3 & 0.2 \\ 0 & 0.2 & 0.2 & 0.2 & 0.4 \\ 0 & 0.2 & 0.2 & 0.4 & 0.2 \\ 0.2 & 0.1 & 0.2 & 0.4 & 0.1 \\ 0.1 & 0.2 & 0.2 & 0.3 & 0.2 \\ 0.1 & 0.1 & 0.2 & 0.5 & 0.1 \\ 0.2 & 0.1 & 0.1 & 0.4 & 0.2 \\ 0 & 0.2 & 0.2 & 0.4 & 0.2 \end{bmatrix}$$

计算绩效评价隶属度为

$$S=U^T R_{16\times5}=[0.1061, 0.1749, 0.2767, 0.4993, 0.2071]$$

结果分析。根据最大隶属度原则，杨房沟水电 EPC 项目安全管理绩效等级隶属度为较高绩效。

6.3 安全绩效管理持续改进

安全管理是水电建设项目管理的重中之重，提高水电工程建设项目安全管理水平是认真贯彻“安全第一，预防为主，综合治理”的安全工作方针，是落实《安全生产法》、强化“以人为本、安全发展，保护环境”理念的基本要求。

管理局作为建设单位，严格执行《建筑法》《安全生产法》及有关各项法律法规，以安全生产作为标准化管理重点，做好建设工程安全管理，体现了建设工程安全生产的重要原则。建设单位主要通过 PDCA 管理流程，逐步分析工程建设项目安全管理的各项重要管控环节，并引入 SDCA 循环管理模式，将建设单位制定的各项规章制度标准化，分阶段的实施建设工程安全管理事前控制、事中控制、事后控制。PDCA 联合 SDCA 的动态管理模式应用在安全管理上效果显著，坚持 PDCA-SDCA 模式的项目安全动态管理，定能做到安全可控、能控、在控，从而不断提升安全管理水平，积极营造安全，健康的发展环境。

建设单位作为安全管理的核心力量，理应要有自己的管理内容和程序。PDCA 管理循环反映了安全管理保证体系活动所应遵循的科学程序（图 6.4）。

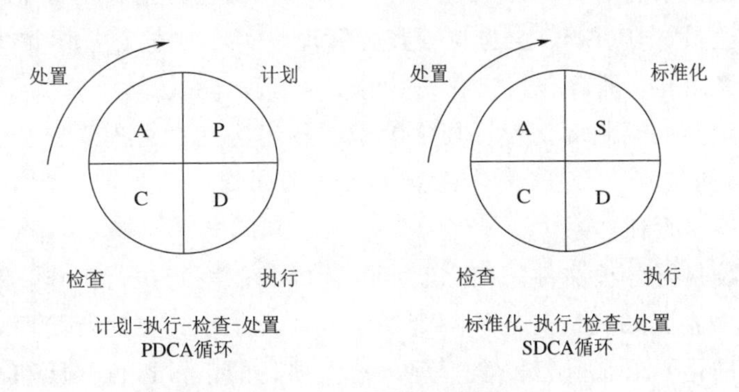

图 6.4　PDCA 管理循环

6.3.1 PDCA 循环管理流程

（1）计划部属，流程安排。制订安全生产管理总体目标和年度安全生产目标，根据实际情况对工程进行分析，并且对管理局以往工作中所出现的问题进行分析。然后根据分析结果对安全目标进行确定。

（2）结合计划阶段中制定的目标和规划来开展工作，对一切安全问题进行核实。同时做好安全教育宣传工作，对施工中环境进行全面的监管。在具体的工作中，对各参建单位的安全教育培训工作进行了规范和约束，EPC总承包项目部按照管理局要求，积极开展安全教育培训，建立安全教育培训台账。定期组织开展安全生产费用专项监督检查，检查监理部安全生产费的支付审批手续，确保安全生产费用合规合法。

（3）根据计划中所制订的安全目标，来对工作的执行情况进行检查，看工作是否达到了制订的目标。在具体的工作中，管理局组织开展各类安全检查和巡查，对工程中可能存在问题的地方进行进一步的确认，并要求施工单位采取相应的措施，来降低危险源等带来的影响。在检查的工作中，着重注意两点：第一点，对检查中发现的问题要进行了及时的补救；第二点，对发生率比较高的问题提高了重视度。

（4）对循环结果进行全面的总结，并给出相应的处理措施。管理局定期开展分析和总结工作，对上一阶段的循环工作进行总结，对工作中的漏洞加以修整，保证下一阶段工作质量的规范性和安全性，有效地提升了整个安全管理质量。

6.3.2 SDCA标准化管理流程

管理局勇于打破陈旧思维和管理模式，大胆推进安全管理体制创新，积极推行职业安全健康管理体系，从建设项目的整体出发，把安全标准化加入管理重点，实行全员、全过程、全方位等安全管理，实现对安全生产全过程的控制，逐步建立起系统化、程序化、自我完善的安全管理体系。

（1）制定标准或制度。管理局修编了《杨房沟建设管理局安全生产责任制规定》《全员岗位安全责任制》，建立了“党政同责”“一岗双责”，分级管理、逐级负责的安全责任体系。

（2）正确执行各项文件。结合制定的标准和制度来执行工作，深入地下洞室群施工安全监控系统、安全风险管理系统建设工作，在执行阶段，管理局根据前期的标准化要求来进行安全管理，确保项目的正常运行开展和高质量的项目要求，以及高效率的项目运作效率。并在这一阶段，完善安全风险管理数据库，对于各方面的数据进行整体的规划处理，再运用到实际的安全管理中，后续利用数据网络的手段，细致的规划每一个方案和操作步骤，实时的记录每个环节出现的问题。

（3）对安全体系文件的内容和执行情况进行审核和检查。积极整合外部资源至现场进行评估和指导，进一步强化过程检查、指导。

（4）对安全管理体系文件作出评审和相应处置。当制度或文件证明有效后，标准化为工作守则，当遇到问题，检讨、修订制度成效后再发展新目标。

SDCA 循环目的在于标准化和稳定现有的制度，任何一个制度或者标准，实施初期都会呈现不稳定状态，稳定现有制度和标准就需要 SDCA 循环。SDCA 循环局限性在于只能保持现有水平，不能取得突破和提升。PDCA 循环目的则在于提高流程的水准，不断提成管理局驱动力。SDCA 联合 PDCA 对安全管理考核内容进行梳理、集中。PDCA-SDCA 管理模式强化了水利工程管理手段，优化了管理模式，从“管理”到“目标”，再到“责任”，每个环节环环相扣，充分地挖掘建设单位每位工作者的潜能，保障工作的稳定运行。强化建设单位全方位全过程的安全管理工作，提高了安全管理水平，从而达到降低安全事故率和提高建设单位管理效率的目的，符合工程管理发展的规律，能够促进我国水利行业的良性发展（图 6.5）。

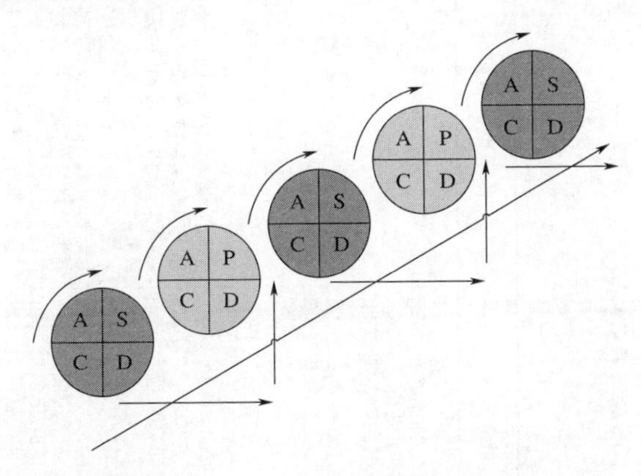

图 6.5　PDCA-SDCA 循环管理机制

因此，在安全管理中需要 PDCA 联合 SDCA，将安全管理改进的成果，进行巩固，再改进，再巩固，如此循环、递进，才能使管理水平更加卓越，管理行为更加精确、高效，常态运转。

以平衡记分卡为中心构建的安全管理绩效测评，需要高层人员的积极参与和推动，由于涉及整个项目的安全战略，因此各部门每位人员都要熟悉管理体系和考核指标，按照计划——→执行——→检查——→总结的步骤，形成 PDCA－SDCA 循环体系，持续改进。

附录1　杨房沟水电EPC项目安全生产责任清单

1. 目标职责

序号	责任条目	建设单位职责	总承包单位职责	监理单位职责	依　　据
1.1	目标	（1）制定、颁布工程项目安全生产与职业卫生目标管理制度。制度应明确目标的制定、分解、实施、检查、考核等环节要求，并明确相应的管理职责。 （2）根据本工程项目安全生产实际，负责制定建设工程总体和年度安全生产目标（包括人员、机械、交通、火灾、环境、职业卫生等控制指标）。 （3）将年度安全生产目标分解到相关管理部门、总承包单位，并制定工程项目安全目标保证措施，明确责任部门（责任单位）、责任人。 （4）每半年对全生产与职业卫生目标、指标实施情况进行评估和考核，并结合实际及时进行调整	（1）根据建设单位制定、颁布的安全生产与职业卫生目标管理制度，制定、颁布总承包工程的安全生产与职业卫生目标管理制度。 制度应明确目标的制定、分解、实施、检查、考核等环节要求，并明确相应的管理职责。 （2）根据建设单位下达的建设工程总体安全生产目标，制订总承包工程的总体安全生产目标；根据建设单位分解、下达的年度总承包单位安全生产目标，结合安全生产实际，制订总承包单位年度安全生产目标。 总承包单位的总体和年度安全生产目标。安全生产目标应包括人员、机械、交通、火灾、环境、职业卫生等控制指标。 总承包单位的总体和年度安全生产目标，经总承包的安委会审核通过后，以正式文件颁布。 （3）将年度安全生产目标分解到各管理部门、相关作业单位；分层级制定安全目标保证措施，明确责任部门、责任人。 （4）结合安全生产责任履责情况，每季度对全生产与职业卫生目标、指标实施情况进行评估和考核，并结合实际及时进行调整，实施动态管理	（1）根据工程项目总体和年度安全生产目标，制订监理单位内部的安全生产目标及保证措施，落实到相关部门（岗位），履行工程项目实现安全生产目标的管理职责。 （2）定期组织开展的安全生产监督检查活动，应对安全生产目标实施的执行情况进行监督检查与评估。监督检查情况通报总承包单位，评估报告上报建设单位，并保存相关的记录	（1）《建筑施工企业安全生产管理规范》（GB 50656—2011） 4.0.1　建筑施工企业应根据企业的总体发展目标，制定企业安全生产年度及中长期管理目标； 4.0.2　安全管理目标应分解到各管理层及相关职能部门并定期考核。 （2）《电力建设工程施工安全管理导则》（NB/T 10096—2018） 7.2　建设单位应结合工程实际，制定工程安全生产目标和年度安全生产目标；勘察设计、施工、监理单位应有效的分解建设单位制定的工程安全生产目标和年度安全生产目标； 7.3　参建单位应定期组织对安全生产目标完成情况进行监督、检查与纠偏并保存有关记录。参建单位应结合工程实际情况，严格落实安全目标保证措施并进行动态调整。参建单位应对安全生产目标完成情况进行评估与考核；评估报告应形成文件并保存。 （3）《四川省生产经营单位安全生产责任规定》（四川省人民政府令第216号） 第七条　生产经营单位应当建立健全安全生产目标规章制度。 （4）《电力建设工程施工安全监督管理办法》（2015年发改委令第28号） 第三十四条　监理单位应当建立健全安全监理工作制度，编制含有安全监理内容的监理规划和监理实施细则，明确监理人员安全职责以及相关工作安全监理措施和目标

续表

序号	责任条目	建设单位职责	总承包单位职责	监理单位职责	依　　据
1.2	机构和职责				
1.2.1	机构设置	（1）成立由建设单位主要负责人，分管安全与职业卫生、机电设备、技术管理负责人，各部门负责人及监理单位、总承包单位主要负责人为成员的建设工程安全生产委员会，并制定安委会工作制度和例会制度。 （2）设立安全生产监督管理机构，配备专职安全生产管理人员。 （3）按季度召开安委会会议；按月督促和参加监理单位组织召开的建设工程安全生产例会	（1）成立由总承包单位主要负责人，分管安全与职业卫生、机电设备、技术管理负责人，各部门负责人及相关作业单位主要负责人为成员的总承包工程安全生产委员会，并制定安委会工作制度和例会制度。 安委会应设置办公室，作为安委会的办事机构；办公室主任由分管安全负责人担任；办公室成员由总承包单位安全、技术、机电设备、工程管理部门负责人和相关作业单位安全主管领导组成。 （2）设置独立的安全生产监督管理机构，按专业配备专职安全生产管理人员。 （3）对相关作业单位的安全生产监督管理机构及专职安全生产管理人员进行审核、确认。 （4）按季度召开总承包单位安委会会议；按月组织召开总承包单位安全生产例会	（1）成立由总监理工程师、副总监理工程师（总监理工程师代表）、各部门（岗位）负责人为成员的安全生产领导小组，并制定工作制度和例会制度。 （2）明确安全生产监督管理机构（或岗位），配备专（兼）职安全监理工程师，数量应满足建设工程监理工作需要。 （3）按季度对总承包单位和相关作业单位的安全生产监督管理机构的设置、专职安全生产管理人员的配备及到岗情况进行审核、确认和监督检查。 对总承包单位和相关作业单位的安全生产监督管理机构的设置、专职安全生产管理人员的配备及到岗情况进行审核、确认和监督检查的相关情况应上报建设单位备案。 （4）按月组织召开建设工程安全生产例会，并印发会议纪要。 （5）定期组织开展的安全生产监督检查活动，应对总承包单位安委会、安全例会的召开情况及会议议定事项的落实情况进行监督检查与评估。监督检查情况通报总承包单位，评估报告上报建设单位，并保存相关的记录	（1）《电力建设工程施工安全监督管理办法》（2015年发改委令第28号） 第四条　电力建设单位、勘察设计单位、施工单位、监理单位及其他与电力建设工程施工安全有关的单位，必须遵守安全生产法律法规和标准规范，建立健全安全生产保证体系和监督体系，建立安全生产责任制和安全生产规章制度，保证电力建设工程施工安全，依法承担安全生产责任。 （2）《电力建设工程施工安全管理导则》（NB/T 10096—2018） 4.1.1.1　建设单位安委会应由主要负责人（主任），分管安全与职业卫生、机电设备、技术管理的负责人，各管理部门负责人，以及勘察设计、监理、施工（或工程总承包）等单位主要负责人为成员组成。 4.1.1.2　施工（或工程总承包）单位安委会应由项目主要负责人（主任），各专业、管理部门负责人与各分包单位主要负责人组成。 4.1.1.3　参建单位安委会的组建应以正式文件确认，成员发生变动，应及时予以调整

续表

序号	责任条目	建设单位职责	总承包单位职责	监理单位职责	依　　据
1.2.2	主要负责人及领导层职责	（1）主要负责人是建设工程安全生产的第一责任人，对建设工程安全生产工作负总责。 （2）主管生产的负责人统筹组织生产过程中各项安全生产制度和措施的落实，完善安全生产条件，对建设工程安全生产工作负重要领导责任。 （3）主管安全生产工作的负责人协助主要负责人落实各项安全生产法律法规、标准，统筹协调和综合管理建设工程的安全生产工作，对建设工程安全生产工作负综合管理领导责任。 （4）主管技术的负责人对安全技术负决策和指挥责任。 （5）其他负责人应当按照分工抓好主管范围内的安全生产工作，对主管范围内的安全生产工作负领导责任。 （6）安全生产监督管理部门是本单位安全生产工作的综合管理部门，对相关管理部门的安全生产管理工作进行综合协调和监督	（1）主要负责人是总承包工程安全生产的第一责任人，对总承包工程安全生产工作负总责。 （2）主管生产的负责人统筹组织生产过程中各项安全生产制度和措施的落实，完善安全生产条件，对总承包工程安全生产工作负重要领导责任。 （3）主管安全生产工作的负责人协助主要负责人落实各项安全生产法律法规、标准，统筹协调和综合管理总承包工程的安全生产工作，对总承包工程安全生产工作负综合管理领导责任。 （4）主管技术的负责人对安总承包工程全技术负决策和指挥责任。 （5）其他负责人应当按照分工抓好主管范围内的安全生产工作，对总承包工程主管范围内的安全生产工作负领导责任。 （6）安全生产监督管理部门是本单位安全生产工作的综合管理部门，对总承包工程相关管理部门的安全生产管理工作进行综合协调和监督。 （7）各层级管理部门负责人应将部门管理职责分解到相关管理岗位；相关岗位管理人员应按照安全生产和职业卫生责任制的相关要求，履行其安全生产和职业卫生职责	（1）总监理工程师对监理工程项目安全生产监督管理负总责。 （2）安全监理工程师对监理工程项目的安全生产履行安全监理职责。 （3）总监理工程师组织审核、批准、总承包单位的安全生产管理职责。 审核、批准的总承包单位安全生产责任制文件应上报建设单位备案	（1）《电力建设工程施工安全管理导则》(NB/T 10096—2018) 4　建设工程应按照“党政同责、一岗双责、齐抓共管、失职追责”“管生产必须管安全”和“管业务必须管安全”的原则，建立健全以各级主要负责人为安全第一责任人的安全生产责任制，全面落实企业安全生产主体责任。 （2）《中华人民共和国安全生产法》（2014修订版） 第十八条　生产经营单位的主要负责人对本单位安全生产工作负有下列职责： （一）建立、健全本单位安全生产责任制； （二）组织制定本单位安全生产规章制度和操作规程； （三）组织制定并实施本单位安全生产教育和培训计划； （四）保证本单位安全生产投入的有效实施； （五）督促、检查本单位的安全生产工作，及时消除生产安全事故隐患； （六）组织制定并实施本单位的生产安全事故应急救援预案； （七）及时、如实报告生产安全事故。 （3）《电力建设工程施工安全监督管理办法》（2015年发改委令第28号） 第六条（五）建设工程实行工程总承包的，总承包单位应当按照合同约定，履行建设单位对工程的安全生产责任。 （4）《建设项目工程总承包合同示范文本（试行）》（GF-2011-0216） 2.3.1　监理人按发包人委托监理的范围、内容、职权权限，代表发包人对承包人实施监督。监理人向承包人发出的通知，以书面形式由工程总监签字后送交承包人实施，并抄送发包人

续表

序号	责任条目	建设单位职责	总承包单位职责	监理单位职责	依　　据
1.2.3	全员参与	（1）建立建设单位安全生产和职业卫生责任制，以正式文件发布。并以责任书的形式对管理部门、总承包单位、监理单位的安全生产和职业卫生责任制予以确认。 （2）管理部门负责人应将部门管理职责分解到相关管理岗位，通过签认安全生产承诺书予以确认。 （3）定期召开安委会会议，对安全生产责任书的履行情况、安全生产责任的适宜性进行定期监督考核与评估	（1）依据建设单位颁布的总承包单位安全生产和职业卫生责任制，建立总承包单位领导班子及管理部门、相关作业单位与施工作业中队（工区、工段）负责人、班组长、作业人员的安全生产和职业卫生责任，以正式文件发布。 并通过与管理部门、相关作业单位签订安全生产责任书的形式，对安全生产和职业卫生责任制进行确认。 （2）总承包单位的管理部门负责人应将部门管理职责分解到相关管理岗位，通过签认安全生产承诺书予以确认。 （3）每季度对各管理部门、相关作业单位的安全生产职责的履职情况进行监督检查、考核和评估。 监督检查、考核和评估报告经安委会审核通过后，在总承包单位内部进行通报，并上报监理单位	（1）依据建设单位颁布的监理单位安全生产和职业卫生责任制，建立监理单位内部的安全生产和职业卫生责任制，以正式文件发布，并将监理单位安全管理职责分解到相关管理部门（岗位）。 （2）总监理工程师对监理人员安全生产职责履行情况的检查与考评，每季度至少进行一次。 （3）组织开展安全生产监督检查活动的同时，应对总承包单位、总承包单位安全生产第一责任人及相关作业单位安全生产责任制的履行情况进行监督检查与评估。 对总承包单位、总承包单位安全生产第一责任人及相关作业单位安全生产责任制履行情况的行监督检查与评估资料应上报建设单位备案，并保存有关记录	（1）《电力建设工程施工安全管理导则》（NB/T 10096—2018） 4　建设工程应按照“党政同责、一岗双责、齐抓共管、失职追责”“管生产必须管安全”和“管业务必须管安全”的原则，建立健全以各级主要负责人为安全第一责任人的安全生产责任制，全面落实企业安全生产主体责任 （2）《中华人民共和国安全生产法》（2014修订版） 第十八条　生产经营单位的主要负责人对本单位安全生产工作负有下列职责： （一）建立、健全本单位安全生产责任制； （二）组织制定本单位安全生产规章制度和操作规程； （三）组织制定并实施本单位安全生产教育和培训计划； （四）保证本单位安全生产投入的有效实施； （五）督促、检查本单位的安全生产工作，及时消除生产安全事故隐患； （六）组织制定并实施本单位的生产安全事故应急救援预案； （七）及时、如实报告生产安全事故。 （3）《电力建设工程施工安全监督管理办法》（2015年发改委令第28号） 第六条（五）建设工程实行工程总承包的，总承包单位应当按照合同约定，履行建设单位对工程的安全生产责任。 （4）《建设项目工程总承包合同示范文本（试行）》（GF－2011－0216） 2.3.1　监理人按发包人委托监理的范围、内容、职权权限，代表发包人对承包人实施监督。监理人向承包人发出的通知，以书面形式由工程总监签字后送交承包人实施，并抄送发包人

续表

序号	责任条目	建设单位职责	总承包单位职责	监理单位职责	依　　据
1.2.4	安全生产投入	（1）工程项目招标文件中应编制安全生产费用项目清单，工程概算中应当单独计列安全生产费用，不得在电力建设工程投标中列入竞争性报价。 （2）工程施工合同中应明确安全生产费用金额、预付支付计划、使用要求、调整方式、支付方式等；对安全生产有其他特殊要求、需增加安全生产费用的，应在招标文件中说明，并列入安全生产费用项目清单。 （3）对于因设计变更等因素造成工程量增加的，应当补充相应的安全生产费用	（1）工程总承包单位对总承包工程项目安全生产费用的使用负总责。建立安全生产投入保障制度，明确相关作业单位安全生产费用的申请、审核审批、支付、使用、统计、分析、检查等工作要求，明确使用管理程序、职责及权限等。 （2）按季度（月）编制工程项目安全生产费用使用计划，报监理单位审查后实施；对相关作业单位安全生产费用提取、使用计划进行检查。并建立安全生产费用使用管理台账。 （3）定期检查评价相关作业单位施工现场安全生产情况和安全生产费用使用情况。将检查情况进行通报，对虚报、假报安全生产费用的责任单位按照合同约定及相关管理制度进行处理。 （4）每季度向监理单位上报安全生产费用提取和使用情况。 （5）按照有关规定，投保安全生产责任险，为从业人员缴纳相关保险费用	（1）建立监理单位内部安全生产投入保障制度，制定安全生产费用使用计划，并建立使用台账。 （2）明确建设工程安全生产费用的申请、审核审批、支付、使用、统计、分析、检查等工作要求，明确使用管理程序、职责及权限，审批总承包单位的安全费用使用计划。 （3）组织开展安全生产监督检查活动的同时，对总承包单位安全生产费用的使用情况进行监督检查；对总承包单位上报的安全生产费用提取和使用情况报告进行审查、评价，上报建设单位，并保存有关记录	（1）《安全生产法》 第二十条　生产经营单位应当具备的安全生产条件所必需的资金投入。有关生产经营单位应当按照规定提取和使用安全生产费，专门用于改善生产条件。 （2）《电力建设工程施工安全监督管理办法》（2015年发改委令第28号） 第八条　按照国家有关安全生产费用投入和使用管理规定，电力建设工程概算应当单独计列安全生产费用，不得在电力建设工程投标中列入竞争性报价。根据电力建设工程进展情况，及时、足额向参建单位支付安全生产费用。 第二十二条　施工单位应当按照国家有关规定计列和使用安全生产费用。应当编制安全生产费用使用计划，专款专用。 第三十五条　监理单位应当组织或参加各类安全检查活动，掌握现场安全生产动态，建立安全管理台账。重点审查、监督下列工作：（六）监督施工单位安全生产费的使用、安全教育培训情况。 （3）《企业安全生产费用提取和使用管理办法》（财企〔2012〕16号） 第三条　本办法所称安全生产费用（简称安全费用）是指企业按照规定标准提取在成本中列支，专门用于完善和改进企业或者项目安全生产条件的资金。安全费用按照“企业提取、政府监管、确保需要、规范使用”的原则进行管理。 第二十七条　企业提取的安全费用应当专户核算，按规定范围安排使用，不得挤占、挪用。 （4）《安全生产责任保险实施办法》（安监总办〔2017〕140号） 第五条　安全生产责任保险的保费由生产经营单位缴纳，不得以任何方式摊派给从业人员个人

续表

序号	责任条目	建设单位职责	总承包单位职责	监理单位职责	依　　据
1.2.5	安全文化建设	（1）编制建设工程项目安全文化建设规划，并以正式文件颁布。 （2）定期组织开展安全文化建设测评	（1）依据建设单位颁布的工程项目安全文化建设规划；制定总承包工程项目的安全文化建设规划及阶段性实施计划。 （2）建立健全安全管理要求、操作行为控制、设备设施管控和作业环境规范的示范标准。 （3）组织编制总承包项目《安全文化手册》，建立安全文化活动室。 （4）按季度组织开展总承包单位安全文化建设测评活动	（1）审核批准总承包单位的安全文化建设规划及阶段性实施规划、示范标准。 （2）按照建设单位的要求组织开展建设工程的安全文化建设测评。 建设工程的安全文化建设测评报告上报建设单位，在建设工程进行通报	（1）《企业安全文化建设导则》（AQ/T 9004—2008）第四款应充分考虑自身内部的和外部的文化特征，引导全体员工的安全态度和安全行为，实现在法律和政府监管要求之上的安全自我约束，通过全员参与实现企业安全生产水平持续进步。 （2）《电力建设工程施工安全管理导则》（NB/T 10096—2018）建设单位或工程总承包单位宜建立工程现场安全教育室，运用各种形式，进行有针对性、形象化的教育、培训活动，加强企业安全文化建设，提高职工的安全意识和自我防护能力
1.2.6	安全信息化建设	（1）按照行业管理要求，建立安全生产管理信息平台。 （2）定期填报建设工程安全生产管理信息	（1）按照建设单位的安排，建立安全生产管理信息平台。 （2）实施安全生产电子台账管理，按照建设单位的要求，适时进行重大危险源监控、职业病危害防治、应急管理、安全风险管控和隐患自查、安全事故（事件）、安全生产预测预警等信息的上传。 （3）健全施工现场视频监控系统	（1）按照建设单位的安排，建立安全生产管理信息平台。 （2）实施安全生产电子台账管理，按照建设单位的要求，适时进行重大危险源监控、职业病危害防治、应急管理、安全风险管控和隐患自查、安全事故（事件）、安全生产预测预警等信息的上传。 （3）指导建设工程规范开展安全生产管理信息平台建设。 （4）组织开展安全生产监督检查活动的同时，对总承包单位安全生产管理信息平台建设及运行使用情况进行监督检查	（1）《安全生产信息化总体建设方案》（安监总科技〔2016〕143号） 第一条　各级安全监管监察机构要充分认识加强安全生产信息化工作的重要意义，紧密围绕安全生产中心工作，建立健全安全生产信息化领导机构和工作机构，明确职责分工，确保责任到具体部门和人员。建立安全生产信息化工作制度，大力开展信息化应用知识和技能培训，提高安全监管监察人员的信息化能力和水平。 （2）《电力建设工程施工安全管理导则》（NB/T 10096—2018） 3.1　建设单位施工安全管理策划内容： 第18条　应利用信息化手段，加强安全生产工作，开展安全风险管控和隐患排查治理、安全生产预测预警等信息系统建设。

2. 制度化管理

序号	责任条目	建设单位职责	总承包单位职责	监理单位职责	依据
2.1	法规标准识别	(1) 组织参建单位识别建设工程适用的安全生产和职业卫生法律法规、标准规范，发布《适用的安全生产法律法规、标准规范清单》，并建立文本数据库。 (2) 定期对国家、行业主管部门新发布的安全生产和职业卫生法律法规、标准规范进行获取、识别与发布，并及时更新文本数据库。 (3) 组织对国家、行业主管部门安全生产和职业卫生管理要求的贯彻落实	(1) 建立安全生产和职业卫生法律法规、标准规范的管理制度，明确主管部门，确定获取的渠道、方式，及时识别和获取适用、有效的法律法规、标准规范，建立安全生产和职业卫生法律法规、标准规范清单和文本数据库。 (2) 结合建设单位、监理单位发布的安全生产和职业卫生法律法规、标准规范清单和地方人民政府的要求，形成总承包工程的《适用的安全生产法律法规、标准规范和其他要求清单》，报建设单位并建立文本数据库。 (3) 及时获取国家、行业和地方人民政府新发布的安全生产和职业卫生法律法规、标准规范和相关要求，按季度编制、发布清单，并及时更新文本数据库。 (4) 根据建设单位的安排，具体部署落实国家、行业和地方人民政府主管部门安全生产和职业卫生管理要求。 (5) 每季度组织一次安全生产和职业卫生法律法规、标准规范的宣贯培训；每半年至少进行一次遵法守法合规性评价	(1) 及时收集、识别建设工程适用的安全生产和职业卫生标准规范及强制性条款，编制建设工程《适用的安全生产和职业卫生标准规范名录及强制性条文清单》报建设单位，并建立文本数据库。 (2) 建设工程《适用的安全生产和职业卫生标准规范名录及强制性条文清单》发给总承包单位；并按季度识别、更新、发布清单，并及时更新文本数据库。 (3) 按季度组织对安全生产和职业卫生标准规范强制性条款的宣贯培训。 (4) 按照建设单位的安排，组织总承包单位具体部署落实国家、行业和地方人民政府主管部门安全生产和职业卫生管理要求。 (5) 每半年对总承包单位贯彻落实安全生产和职业卫生法律法规、标准规范与地方人民政府管理要求的贯彻落实情况组织一次合规性评价，编制评价报告，通报总承包单位，上报建设单位	《电力建设工程施工安全管理导则》(NB/T 10096—2018) 第三条　识别适用的工程建设法律法规、标准规范策划的基本要求：应明确安全生产与职业卫生法律法规、标准规范识别主管部门，确定获取的渠道、方式，及时识别和获取适用、有效的法律法规、标准规范，建立安全生产和职业卫生法律法规、标准规范清单和文本数据库。应将适用的安全施工和职业卫生法律法规、标准规范的相关要求及时转化为本单位的规章制度、操作规程，并及时传达给项目有关人员，确保相关要求落实到位

续表

序号	责任条目	建设单位职责	总承包单位职责	监理单位职责	依　据
2.2	规章制度	（1）依据国家、行业安全生产和职业卫生法律法规、标准规范的相关要求，编制、发布适应于建设工程安全生产与职业卫生监管需要的管理制度。并对参建单位安全生产和职业卫生管理制度编制提出相关要求。 （2）发布的管理制度应印发至管理部门、总承包单位与监理单位	（1）依据建设单位印发的管理制度，结合总承包工程的管理工作实际和安全生产标准化建设的要求，建立满足全面管理需要的安全生产和职业卫生规章制度，经总承包的安委会审核通过后，以正式文件颁布，报监理单位、建设单位备案。 （2）将印发的安全生产和职业卫生规章制度发放到各管理部门、相关作业单位（工作岗位）。 （3）组织各管理部门、相关作业单位参建单位，对总承包单位印发的规章制度进行宣贯培训；每季度对安全生产和职业卫生规章制度的执行情况进行一次监督检查	（1）依据建设单位印发的管理制度，结合监理工作实际，建立满足全面监管需要的安全生产和职业卫生规章制度，经授权单位审核通过后，以正式文件颁布，并报建设单位备案。 （2）对总承包单位上报的安全生产和职业卫生规章制度进行备案审查。 （3）组织开展安全生产监督检查活动的同时，对总承包单位安全生产和职业卫生规章制度的执行情况进行监督检查	（1）《安全生产法》第四条　生产经营单位必须遵守本法和其他有关安全生产的法律、法规，加强安全生产管理，建立、健全安全生产责任制和安全生产规章制度，改善安全生产条件，推进安全生产标准化建设，提高安全生产水平，确保安全生产。 （2）《电力建设工程施工安全管理导则》（NB/T 10096—2018） 6.1　安全生产管理制度编制基本要求。 （3）《四川省生产经营单位安全生产责任规定》（四川省人民政府令第216号） 第七条　生产经营单位应当建立健全下列安全生产规章制度：（一）安全生产投入保障制度；（二）新建、改建、扩建工程项目的安全论证、评价和管理制度；（三）设施、设备综合安全管理制度以及安全设施、设备维护、保养和检修、维修制度；（四）有较大危险、危害因素的生产经营场所、设施、设备安全管理制度；（五）重大危险源安全管理制度；（六）职业卫生管理制度；（七）劳动防护用品使用和管理制度；（八）安全生产检查及事故隐患排查、整改制度；（九）安全生产目标管理和责任追究制度；（十）安全生产教育培训管理考核制度；（十一）特种作业人员管理制度；（十二）现场安全管理和岗位安全生产标准化操作制度；（十三）安全生产会议管理制度；（十四）应急救援预案和应急体系管理制度；（十五）生产安全事故报告和调查处理制度；（十六）消防、运输、储存、防灾等其他安全生产规章制度

续表

序号	责任条目	建设单位职责	总承包单位职责	监理单位职责	依据
2.3	操作规程		（1）按照有关规定，结合本企业生产工艺、作业任务特点以及岗位作业安全风险与职业病防护要求，编制齐全适用的岗位安全生产和职业卫生操作规程；编印小册子发放到相关岗位员工。 （2）在新技术、新材料、新工艺、新设备设施投入使用前，组织制修订相应的安全生产和职业卫生操作规程，报监理单位审核，确保其适宜性和有效性。 （3）组织专门组织相关人员对相关作业单位进行安全操作规程的宣贯培训与考核。 （4）组织开展安全生产监督检查活动的同时，对相关作业单位安全操作规程的执行情况进行监督检查。对不执行安全操作规程的行为和人员进行通报批评和处罚。通报情况报监理单位备案	（1）对总承包单位编制或引用的安全操作规程的针对性、实用性进行审查、批准。 （2）组织开展安全生产监督检查活动的同时，对总承包单位及相关作业单位安全操作规程的宣贯培训与考核、施工现场安全操作规程的实施情况进行监督检查。对不执行安全操作规程的单位和人员进行通报批评，并上报建设单位	《电力建设工程施工安全管理导则》（NB/T 10096—2018） 6.2 安全生产管理制度发布，施工单位施工安全管理策划内容：应将适用的安全施工和职业卫生法律法规、标准规范的相关要求及时转化为本单位的规章制度、操作规程，并及时传达给项目有关人员，确保相关要求落实到位
2.4	文档管理				
2.4.1	记录管理	（1）建立文件和记录管理制度，明确安全生产和职业卫生规章制度、评审、发布、使用、修订、作废以及文件和记录管理的职责、程序和要求。 （2）编制本单位相关记录目录，建立安全管理工作档案、台账	（1）按照建设单位的要求，建立文件和记录管理制度；按照监理单位编制建设工程安全管理档案（记录）目录和授权机构的管理要求，明确记录的管理职责及记录的填写、收集、标识、贮存、保护、检索、保留和处置要求；明确安全技术档案的编目、形式和档案库房管理、档案管理人员职责规范、档案保密规范、档案借阅规范等。 （2）配备专（兼）职档案工作人员，负责总承包单位形成的应归档文件材料的积累、审核、整理和归档工作。建立完善的管理台账。 （3）规范安全生产过程、事件、活动、检查的安全记录、资料收集，及时整理。确保安全档案资料的完整性、真实性和可追溯性	（1）编制建设工程安全管理档案（记录）目录，经建设单位审定，前印发总承包单位。 （2）组织开展安全生产监督检查活动的同时，对总承包单位及相关作业单位安全管理记录的填制和归档情况进行监督检查	（1）《电力建设工程施工安全管理导则》（NB/T 10096—2018） 20 安全档案管理 建设单位应制定档案管理制度，明确记录的管理职责及记录的填写、收集、标识、贮存、保护、检索、保留和处置要求；明确安全技术档案的编目、形式和档案库房管理、档案管理人员职责规范、档案保密规范、档案借阅规范等；签订有关合同、协议时，应对安全技术档案的收集、整理、移交提出明确要求。 （2）《建设项目档案管理规范》（2017修订稿） 4.1 建设单位全面负责本项目档案工作，实行统一管理、统一制度、统一标准。业务上接受档案行政管理部门和上级主管部门的监督和指导。 4.2 建设单位及各参建单位应建立项目文件控制体系，并将项目文件控制纳入质量、投资、进度、安全、职业健康和环境管理控制体系

续表

序号	责任条目	建设单位职责	总承包单位职责	监理单位职责	依据
2.4.2	评估与修订	（1）对本单位安全生产和职业卫生管理制度的执行情况每半年至少应组织一次检查评估。 （2）每年至少对安全生产法律法规、标准规范和安全规章制度的执行情况和适用情况进行一次评审。根据评审情况、绩效评定结果等，对安全生产管理规章制度和操作规程进行修订，确保其有效和适用	（1）每半年进行一次安全生产和职业卫生规章制度的执行情况的评估，评估报告报监理单位。 （2）每年至少对安全生产法律法规、标准规范和安全规章制度、操作规程的执行情况和适用情况进行一次评审。根据评审情况、安全检查反馈的问题、生产安全事故案例、建设单位和总承包单位绩效评定结果等，对总承包单位安全生产管理规章制度和操作规程进行修订，确保其有效和适用	（1）每半年进行一次本单位安全生产和职业卫生规章制度的执行情况的评估，评估报告报建设单位。 （2）每半年对总承包单位及相关作业单位贯彻落实对安全生产和职业卫生法律法规、标准规范和规章制度、操作规程的执行情况进行一次评估，评估报告通报总承包单位，上报建设单位。 （3）每年至少对本单位安全生产法律法规、标准规范和安全规章制度、监理实施细则的执行情况和适用情况进行一次评审。根据评审情况、安全检查反馈的问题、建设单位绩效评定结果等，对安全生产管理规章制度和监理实施细则进行修订，确保其有效和适用	《电力建设工程施工安全管理导则》（NB/T 10096—2018） 4.1.2 组织制定、完善、评估安全生产管理制度，并组织落实与监督、考核。 6.3 建设工程各单位应建立对安全管理制度进行定期评审和修订的机制

3. 教育培训

序号	责任条目	建设单位职责	总承包单位职责	监理单位职责	依　　据
3.1	教育培训管理	（1）建立安全教育培训制度，明确安全教育培训主管部门或责任人，定期识别安全教育培训需求，制订、实施安全教育培训计划。 （2）如实记录全体从业人员的安全教育和培训情况，建立安全教育培训档案和从业人员个人安全教育培训档案，并对培训效果进行评估和改进	（1）建立安全教育培训制度，明确安全教育培训主管部门，定期识别安全教育培训需求，制订、实施安全教育培训计划，并保证必要的安全教育培训相关资源。 （2）组织编制培训教材，组织开展从业人员的项目部级、班组级、岗前安全教育培训和年度安全再教育培训。培训教材的内容符合培训大纲的要求、培训时间满足有关标准的规定。 （3）如实记录从业人员的安全教育和培训情况，建立安全教育培训档案和从业人员个人安全教育培训档案，并对培训效果进行评估和改进	（1）建立安全教育培训制度，制定、实施安全教育培训计划，建立安全教育培训档案和监理人员个人安全教育培训档案。 （2）定期参加总承包单位及相关作业单位组织开展的安全教育培训活动。 （3）组织开展安全生产监督检查活动的同时，对总承包单位及相关作业单位教育培训管理情况进行监督检查。对不规范开展安全教育培训的单位进行通报批评，并上报建设单位	（1）《四川省生产经营单位安全生产责任规定》（四川省人民政府令第216号） 第七条　生产经营单位应当建立健全安全生产教育培训管理考核制度 （2）《生产经营单位安全培训规定》（安监总局令第3号） 第三条　生产经营单位负责本单位从业人员安全培训工作。生产经营单位应当按照安全生产法和有关法律、行政法规和本规定，建立健全安全培训工作制度。 （3）《安全生产培训管理办法》（安监总局令第44号） 第五条　安全培训的机构应当具备从事安全培训工作所需要的条件。 （4）《安全培训机构基本条件》（AQ/T 8011—2016） 3.1.1　配备3名以上专职的安全培训管理人员。 3.1.2　有健全的培训管理组织，能够开展培训需求调研、培训策划设计，有学员考核、培训登记、档案管理、过程控制、经费管理、后勤保障等制度，并建立相应工作台账。 3.1.3　具有熟悉安全培训教学规律、掌握安全生产相关知识和技能的师资力量，专（兼）职师资应当在本专业领域具有5年以上的实践经验。 3.1.4　具有完善的教学评估考核机制，确保培训有效实施。 3.1.5　有固定、独立和相对集中并且能够同时满足60人以上规模培训需要的教学及后勤保障设施

续表

序号	责任条目	建设单位职责	总承包单位职责	监理单位职责	依据
3.2	人员教育培训				
3.2.1	主要负责人和安全管理人员	(1) 主要负责人、安全生产管理人员按要求参加国家、行业和地方人民政府组织的安全教育培训，取得相应的培训合格证书。 (2) 组织建设工程主要负责人以及安全生产管理人员年度安全再教育培训，对培训效果进行评估和验证	(1) 总承包单位及相关作业单位主要负责人、主管生产的负责人、主管安全生产工作的负责人、主管技术的负责人和专职安全生产管理人员，按要求参加国家、行业、地方人民政府和建设单位组织的安全教育培训，取得相应的培训合格证书。 (2) 每季度至少召开一次安全监督网络会议，对专、兼职安全管理人员进行安全生产和职业健康法律法规、标准规范的学习，并进行学习效果的验证。验证结果上报监理单位，并予以公布	(1) 按照建设单位的安排，组织本单位主要负责人以及安全生产管理人员年度安全再教育培训计划的实施。 (2) 总监理工程师、副总监理工程师（总监理工程师代表）、按要求参加国家、行业和地方人民政府组织的安全教育培训，取得相应的培训合格证书。 (3) 按季度对总承包单位及相关作业单位主要负责人、主管生产的负责人、主管安全生产工作的负责人、主管技术的负责人和专职安全生产管理人员的“安全生产考核合格证书”的有效性进行审查。审查结果报建设单位备案。 (4) 每半年对总承包单位及相关作业单位主要负责人、主管生产的负责人、主管安全生产工作的负责人、主管技术的负责人和专职安全生产管理人员参加年度安全再教育的情况进行检查通报。通报情况上报建设单位	(1) 《生产经营单位安全培训规定》（安监总局令第3号） 第四条　生产经营单位应当进行安全培训的从业人员包括主要负责人、安全生产管理人员、特种作业人员和其他从业人员。生产经营单位从业人员应当接受安全培训，熟悉有关安全生产规章制度和安全操作规程，具备必要的安全生产知识，掌握本岗位的安全操作技能，增强预防事故、控制职业危害和应急处理的能力。未经安全生产培训合格的从业人员，不得上岗作业。 (2)《国务院关于进一步加强企业安全生产工作的通知》（国发〔2010〕23号） 6　强化职工安全培训。企业主要负责人和安全生产管理人员、特殊工种人员一律严格考核，按国家有关规定持职业资格证书上岗；职工必须全部经过培训合格后上岗。企业用工要严格依照劳动合同法与职工签订劳动合同。凡存在不经培训上岗、无证上岗的企业，依法停产整顿

续表

序号	责任条目	建设单位职责	总承包单位职责	监理单位职责	依　　据
3.2.2	从业人员	(1) 对新进场人员按国家、行业规定开展入场安全教育培训以及考试考核。 (2) 定期对从业人员进行与其所从事岗位相应的安全教育培训，确保从业人员具备必要安全生产知识，掌握安全管理技能，熟悉安全生产和职业卫生法律法规和建设工程规章制度，了解事故应急处理措施等	(1) 应将相关作业单位作业人员、劳务派遣人员、实习人员等纳入本单位从业人员统一管理，对其进行岗位安全操作规程和安全操作技能教育培训。新员工上岗前应接受“三级”安全教育培训，培训内容满足规定要求、培训时间不得少于72学时。并持有“安全教育培训合格证书”。 (2) 在新工艺、新技术、新材料、新设备设施投入使用前，根据技术说明书、使用说明书、操作技术要求等，对有关管理、操作人员进行培训；作业人员转岗、离岗一年以上重新上岗前，均进行项目部（队、车间）、班组安全教育培训，经考核合格后上岗。 (3) 特种作业人员接受规定的安全作业培训，并取得特种作业操作资格证书后上岗作业；特种作业人员离岗6个月以上重新上岗，应经实际操作考核合格后上岗工作；建立健全特种作业人员档案。 (4) 每年对在岗作业人员进行安全再教育培训的内容需符合有关规定，培训时间不得少于20小时。 (5) 对习惯性违章人员应组织开展针对性的安全警示教育	(1) 新进场人员按国家、行业规定开展入场安全教育培训。并持有“安全教育培训合格证书”。 (2) 定期对监理人员进行与其所从事岗位相应的安全教育培训，确保监理人员具备必要安全管理知识，掌握安全监管技能，熟悉安全生产法律法规、标准规范和建设工程安全规章制度，了解事故（事件）应急处理措施等。 (3) 组织开展安全生产监督检查活动的同时，对总承包单位及相关作业单位从业人员的安全教育培训活动开展情况进行监督检查。监督检查情况应予以通报，并上报建设单位。 (4) 定期对总承包单位及相关作业单位特种作业人员的持证上岗情况进行监督检查。监督检查情况应予以通报，并上报建设单位	(1)《安全生产培训管理办法》（安监总局令第44号） 第十一条　生产经营单位从业人员的培训内容和培训时间，应当符合《生产经营单位安全培训规定》和有关标准的规定。 (2)《电力建设工程施工安全管理导则》(NB/T 10096—2018) 8.3　从业人员安全教育培训的基本要求： 1　参建单位应定期对从业人员进行与其所从事岗位相应的安全教育培训，确保从业人员具备必要安全生产知识，掌握安全操作技能，熟悉安全生产规章制度和操作规程，了解事故应急处理措施。 2　参建单位从业人员调整工作岗位或者采用（使用）新工艺、新技术、新设备、新材料的，应当对其进行专门的安全培训。发生负有主要责任的人身伤亡事故的，应当制定专门计划对相关负责人和安全生产管理人员等开展安全生产再培训。 3　工作票签发人、工作负责人、工作许可人须经安全培训、考试合格并公布。 4　新入场人员在上岗前，必须经过岗前安全教育培训，经考试合格后方可上岗，培训时间不得少于72学时，每年再培训时间不得少于20小时，培训内容应符合国家及行业有关规定，并保存完善的建设工程项目安全教育培训记录。 5　参建单位应将分包单位作业人员、劳务派遣人员、实习人员等纳入本单位从业人员统一管理，对其进行岗位安全操作规程和安全操作技能教育培训。 6　特种作业人员和特种设备操作人员应按有关规定接受专门的培训，经考核合格并取得有效资格证书后，方可上岗作业，并定期进行资格审查

续表

序号	责任条目	建设单位职责	总承包单位职责	监理单位职责	依据
3.2.3	其他人员教育培训	对进入建设工程项目检查、参观、学习等外来人员应对其进行安全教育培训	进入建设工程项目检查、参观、学习等外来人员进入作业现场前，应当对进行可能接触到的危害及应急知识的教育和告知。由专人带领做好相关监护工作	组织对总承包单位及相关作业单位危险作业活动工作票签发人、工作负责人、工作许可人的安全培训、考核。对考试合格人员进行公布，并报建设单位备案	《电力建设工程施工安全管理导则》(NB/T 10096—2018) 15 应对进入建设工程现场检查、参观、学习等外来人员以及从事服务和作业活动的承包商、供应商的从业人员，进行入厂安全教育培训，并保存记录

4. 现场管理

序号	责任条目	建设单位职责	总承包单位职责	监理单位职责	依据
4.1	设备设施管理				
4.1.1	设备设施建设	按照有关规定明确建设项目安全设施和职业病防护设施设计审查、施工、试运行、竣工验收等管理程序	(1) 编制设备设施管理制度，明确施工机械设备、设施管理的责任部门或责任人；明确特种设备专（兼）职管理人员，并组织建立建设工程施工机械设备、设施安全管理网络。 (2) 总承包工程的安全设施和职业病防护设施应与建设项目主体工程同时设计、同时施工、同时投入生产和使用。 (3) 按照相关法律法规、规范标准的要求，进行总承包工程的临建设施及平面布置策划与建设。 (4) 特种设备安装、拆除单位应具有相应资质；安装、拆除作业人员应具备相应的能力和资格。 (5) 对外委托安装、拆除施工机械设备，设备使用单位应和安装单位签订施工合同和安全协议，明确双方的安全责任	(1) 根据工程规模和施工机械设备数量设置相适应的施工机械设备专（兼）职监理工程师，履行对施工机械设备的监督职责。 (2) 组织审核总承包工程的安全设施和职业病防护设施应与建设项目主体工程同时设计、同时施工、同时投入生产和使用规划和具体实施计划。 (3) 组织审核总承包工程的临建设施及平面布置策划与建设规划和具体实施计划。 (4) 组织审查特种设备安装（拆除）专项施工方案和施工单位的相应资质、安装（拆除）作业人员应具备相应的能力和资格。并报建设单位备案	《电力建设工程施工安全管理导则》(NB/T 10096—2018) 16.2.2 职业病防护设施的验收 1 建设单位在职业病防护设施验收前，应当编制验收方案。验收方案应当包括下列内容：建设工程概况和风险类别，以及职业病危害预评价、职业病防护设施设计执行情况。参与验收的人员及其工作内容、责任。验收工作时间安排、程序等。建设单位应当在职业病防护设施验收前20日将验收方案向所在地有关部门进行书面报告。 8 施工单位应当按照国家有关规定采购、租赁、验收、检测、发放、使用、维护和管理施工机械、特种设备，建立施工设备安全管理制度、安全操作规程及相应的管理台账和维保记录档案

续表

序号	责任条目	建设单位职责	总承包单位职责	监理单位职责	依　　据
4.1.2	设备设施验收	监督、参与大中型设备（包括特种设备）的进场、安装以及验收	（1）根据施工机械设备的载荷状态和施工现场工作环境，选择适应使用条件要求的施工机械设备。编制机械设备进出场计划报监理单位审核。 （2）施工机械设备整机进入施工现场后、投入使用前，应对整机的安全技术状况进行检查，检查合格后经监理单位复检确认后方可投入使用。 （3）待安装的施工机械设备进入现场后、安装之前，应对施工机械设备散件的安全技术状况进行检查。 （4）大中型设备（特别是特种设备）按规范标准的要求组织验收（特种设备还应经特种设备检验机构检测合格）。相关的检测、验收资料经监理单位审核确认后方可投入使用。 （5）租赁的机械设备进场时，由施工单位对设备技术、安全状况以及出厂合格证，相应的安全使用证、技术资料、设备操作人员的作业资格证书等进行检查验收。对于国家强制要求需定期进行检验的特种设备，应提供有效的检测报告和证明	（1）应对进场机械设备的技术性能、安全标准提出具体的要求，印发总承包单位，并报建设单位备案。 （2）应对进场施工机械设备的基本状况进行检查，编制基本情况报告，并报建设单位备案。 （3）审核大中型设备（特别是特种设备）相关的检测、验收资料，并报建设单位备案	《电力建设工程施工安全管理导则》（NB/T 10096—2018） 8　施工单位应当按照国家有关规定采购、租赁、验收、检测、发放、使用、维护和管理施工机械、特种设备，建立施工设备安全管理制度、安全操作规程及相应的管理台账和维保记录档案。施工单位使用的特种设备应当是取得许可生产并经检验合格的特种设备。特种设备的登记标志、检测合格标志应当置于该特种设备的显著位置。安装、改造、修理特种设备的单位，应当具有国家规定的相应资质，在施工前按规定履行告知手续，施工过程按照相关规定接受监督检验。 11.2.2　监理单位应对施工机械设备调试过程进行巡视和检查，对重要部位、重要工序、重要时刻和隐蔽工程进行现场旁站监督

续表

序号	责任条目	建设单位职责	总承包单位职责	监理单位职责	依据
4.1.3	设备设施运行	监督监理单位履行项目大中型设备（特别是特种设备）的安全运行检查工作	（1）总承包单位及相关作业单位对施工机械设备、设施的安全使用负主体责任。建立运行、巡检、保养的专项安全管理制度，确保其始终处于安全可靠的运行状态。 （2）施工机械设备操作、维保人员必须经过技术培训，按规定持证上岗。 （3）大型起重机械应定人定机，运行必须严格执行交接班制度。 （4）施工机械设备必须按照出厂使用说明书规定的技术性能、承载能力和使用条件，正确操作，合理使用。 （5）应确保大中型设备（特别是特种设备）金属结构、运行机构、电气控制系统无缺陷，安全保护装置和安全信息装置齐全有效。 （6）对人体有害的气体、液体、尘埃、渣滓、放射性射线、振动、噪声等场所，应配置相应的安全保护设备、监测设备（仪器）、废品处理装置。 （7）两台及以上机械在同一区域使用，可能发生碰撞时，应制定相应安全措施，并对相关人员进行交底。 （8）应制定施工机械设备事故专项应急预案及相应的现场处置方案，并定期进行应急演练。 （9）每周必须组织相关专业人员对设备的安全装置进行一次检查	（1）按照建设单位的要求和定期组织建设工程项目大中型设备（特别是特种设备）的安全运行检查。 （2）建立大中型设备（特别是特种设备）管理台账，并实施动态管理。 （3）每月应组织总承包单位及相关作业单位的机械设备管理人员，对施工现场的特种设备（包括管理台账、管理档案）进行一次全面的安全监督检查与评价。监督检查与评价情况应予以通报，并上报建设单位。 （4）审核总承包单位及相关作业单位制定的施工机械设备事故专项应急预案及相应的现场处置方案，参加相应的进行应急演练。并作出评估报告上报建设单位	《电力建设工程施工安全管理导则》（NB/T 10096—2018） 11.2.2 监理单位应对施工机械设备调试过程进行巡视和检查，对重要部位、重要工序、重要时刻和隐蔽工程进行现场旁站监督

续表

序号	责任条目	建设单位职责	总承包单位职责	监理单位职责	依　据
4.1.4	设备设施检维修		（1）建立设备设施检维修管理制度，制订综合检维修计划，加强日常检维修和定期检维修管理，落实“五定”原则，即定检维修方案、定检维修人员、定安全措施、定检维修质量、定检维修进度，并做好记录。 （2）检维修过程中应执行安全控制措施，隔离能量和危险物质，并进行监督检查，检维修后应进行安全确认。 （3）大中型设备（特别是特种设备）的大修或改造必须由具有相应资质的单位进行，大修或改造完成后，必须由相关机构进行检测检验，合格后方可投入运行	（1）审核总承包单位及相关作业单位设备设施检维修管理制度。 （2）审核总承包单位及相关作业单位综合检维修计划。 （3）监督总承包单位及相关作业单位综合检维修计划及专项实施计划的实施和大中型设备（特别是特种设备）维修结束的验收。做出评估报告报建设单位	（1）《电力建设工程施工安全管理导则》（NB/T 10096—2018） 11.2.4　施工单位应编制施工机械设备的维修保养计划，完善机械设备维修保养办法，明确日常检测、保养、检查、维修作业程序，并严格实施。 （2）《四川省安全生产条例》 第三十六条　生产经营单位应当对安全系统的设备和装置进行经常性维护、保养，按规定检测，保证正常运转。维护、保养、检测应当做好记录，并由有关责任人员签字。 （3）《特种设备安全技术规范》（TSG 08—2017） 2.7.1　经常性维护保养：使用单位应当根据设备特点和使用状况对特种设备进行经常性维护保养。维护保养应当符合相关安全技术规范和产品使用维护保养说明的要求。对发现的异常情况及时处理，并且作出记录，保证在用特种设备始终处于正常使用状态
4.1.5	检测检验		（1）特种设备使用单位应当在特种设备投入使用前或者投入使用后30日内，向负责特种设备安全监督管理的部门办理使用登记，取得使用标志。登记标志、使用标志应当置于该特种设备的显著位置。 （2）特种设备的检验周期应符合国家现行规程、规范要求。特种设备的安全附件、安全保护装置应进行定期校验。 （3）安全标准或者技术规范、规程标定有使用期限要求的施工机械设备或零部件，应当按照相应要求到期予以报废，并退出施工现场。特种设备报废时还应履行使用登记注销等手续	（1）组织开展安全生产监督检查活动的同时，对总承包单位及相关作业单位特种设备办理使用登记，取得使用标志及相关资料（记录）进行监督检查。监督检查情况应予以通报，并上报建设单位。 （2）监督总承包单位及相关作业单位按照相应要求到期予以报废的大中型设备（特别是特种设备）清退出施工现场	（1）《电力建设工程施工安全管理导则》（NB/T 10096—2018） 11.3.2　3　监理单位每月应组织施工单位的机械设备管理人员，对施工现场的特种设备（包括管理台账、管理档案）进行一次全面的安全监督检查与评价。 11.3.2　4　建设单位应定期对施工现场的特种设备开展专项监督检查与抽查。内容至少包括：安全管理机构或专（兼）职管理人员设置情况、安全管理制度和岗位安全责任制度建立情况、事故应急专项预案制定及演练情况、管理档案建立情况、定期检验情况、日常维护保养和定期自行检查情况、作业人员培训及持证情况。 （2）《特种设备安全法》规定的施工起重机械验收前，应经具备资质的检验检测机构检验。施工单位应自施工起重机械和整体提升脚手架、模板等自升式架设设施验收合格之日起30日内向建设行政主管部门或者其他有关部门登记。登记、检验结果应报监理单位备案。 （3）《特种设备安全技术规范》（TSG 08—2017） 2.10　定期检验（1）使用单位应当在特种设备定期检验有效期届满前的1个月以内，向特种设备检验机构提出定期检验申请，并且做好相关的准备工作

续表

序号	责任条目	建设单位职责	总承包单位职责	监理单位职责	依据
4.2	作业安全				
4.2.1	安全技术管理	设立工程技术管理部门，制定安全技术管理制度，配备满足需要、具有安全技术管理技能的专业技术人员	（1）设立工程技术管理部门，依据工程建设有关的法律法规、国家现行有关标准、工程设计文件、工程施工合同或招标投标文件、工程场地条件和周边环境、与工程有关的资源供应情况、施工技术、施工工艺、材料、设备等编制施工技术文件；配备满足需要、具有安全技术管理技能的专业技术人员。 （2）总承包工程所在区域存在自然灾害或建设活动可能引发地质灾害风险时，应当制定相应专项安全技术措施，并向建设单位提出灾害防治方案建议，并监控基础开挖、洞室开挖、水下作业等重大危险作业的地质条件变化情况，及时调整设计方案和安全技术措施。 （3）对于采用新技术、新工艺、新流程、新设备、新材料和特殊结构的建设工程，应当在设计文件中提出保障施工作业人员安全和预防生产安全事故的措施建议；不符合现行相关安全技术规范或标准规定的，应当提请建设单位组织专题技术论证并确认。 （4）应当考虑施工安全操作和防护的需要，对涉及施工安全的重点部位和环节在设计文件中注明，并对防范生产安全事故提出指导意见；施工过程中，对不能满足安全生产要求的设计，应当及时变更。 （5）编制“应编制专项施工方案的分部分项工程清单”和“专项施工方案编制计划”，按照管理要求编制、评审、批准“专项施工方案”，并报监理单位审批。 （6）编制“专项施工方案应组织专家论证的分部分项工程清单”，对需论证的专项施工方案，按照管理要求组织专家论证，并报监理单位审批。 （7）依据国家有关安全生产的法律法规、标准规范的要求和工程设计文件、施工组织设计、安全技术计划和安全技术专篇（安全技术计划）、专项施工方案、安全技术措施等安全技术管理文件的要求进行安全技术交底。 （8）对安全技术文件分类管理，并按行业有关标准要求落实建档、归档工作。每月组织对安全技术交底与执行情况以及相应的文件记录进行监督检查	（1）编制“安全技术管理监理实施细则”。明确施工组织设计、专项施工方案、安全技术方案（措施）编制、修改、审核和审批的权限、程序及时限。 （2）编制“应编制专项施工方案的分部分项工程清单”“专项施工方案应组织专家论证的分部分项工程清单”“应办理安全施工作业票的分部分项工程清单”“重要临时设施、重要施工工序、特殊作业、危险作业项目清单”，报建设单位审批后印发总承包单位。 （3）对“设计文件”及“相应专项安全技术措施”“保障施工作业人员安全和预防生产安全事故的措施建议”“防范生产安全事故指导意见”组织审查，作出审批意见，报建设单位。 （4）对总承包单位及相关作业单位“施工技术文件”及“施工组织设计”“专项施工方案”“作业指导书”与相关论证报告的审查、批复，并报建设单位备案。 （5）组织对“安全技术文件”中涉及安全设施的建设的验收。 （6）每月对总承包单位和相关作业单位“安全技术文件”的执行情况进行监督检查与评价。监督检查与评价情况通报总承包单位，并上报建设单位	《危险性较大的分部分项工程安全管理规定》（住房城乡建设部令第37号） 第七条　建设单位应当组织勘察、设计等单位在施工招标文件中列出危大工程清单，要求施工单位在投标时补充完善危大工程清单并明确相应的安全管理措施。 第十条　施工单位应当在危大工程施工前组织工程技术人员编制专项施工方案。 第十一条　专项施工方案应当由施工单位技术负责人审核签字、加盖单位公章，并由总监理工程师审查签字、加盖执业印章后方可实施。 第十二条　对于超过一定规模的危大工程，施工单位应当组织召开专家论证会对专项施工方案进行论证。实行施工总承包的，由施工总承包单位组织召开专家论证会。专家论证前专项施工方案应当通过施工单位审核和总监理工程师审查

续表

序号	责任条目	建设单位职责	总承包单位职责	监理单位职责	依　据
4.2.2	作业环境和作业条件		（1）制定施工现场基本作业环境和作业条件基本标准。 （2）施工现场实行定置和封闭管理，确定各个施工区域责任单位。临时设施应合理选址，确保使用功能、安全、卫生、环保和防火要求。 （3）现场应配备相应的安全、职业病防护用品（具）及防火设施与器材、应急照明、安全通道、应急药品、应急物资等。 （4）按照有关规定和工作场所的安全风险特点，在有重大危险源、较大危险因素和严重职业病危害因素的工作场所，设置明显的、符合有关规定要求的安全警示标志和职业病危害告示标识。 （5）对高处作业、高边坡或深基坑作业、起重作业、交叉作业、临近带电体作业、危险场所动火作业、有限空间作业、射线作业、爆破作业、水上（下）作业、洞室作业、张力架线作业等危险性较大的作业活动，实施作业许可管理，严格履行作业许可审批手续，实行闭环管理。 （6）定期组织开展安全文明施工检查考核。按季度对安全文明施工管理活动进行考评总结	（1）组织审核总承包单位制定的“施工现场基本作业环境和作业条件基本标准”，并报建设单位备案。 （2）及时组织总承包单位开工项目“作业环境和作业条件”的符合性验收，作出评价，通报总承包单位，上报建设单位备案。 （3）组织开展安全生产监督检查活动的同时，对总承包单位及相关作业单位开工和在建项目的“作业环境和作业条件”的符合性进行监督检查和评估。监督检查和评估情况应予以通报，并上报建设单位	《电力建设工程施工安全管理导则》（NB/T 10096—2018） 12.1.4　施工单位应建立安全防护设施管理制度，明确安全防护设施设置、验收、维护和管理责任单位（部门）、责任人，发布安全防护设施目录，建立管理台账。 12.1.5　施工单位应按照有关规定和工作场所的安全风险特点，在有重大危险源、较大危险因素和严重职业病危害因素的工作场所，设置明显的、符合有关规定要求的安全警示标志和职业病危害告示标识。 12.2.1　施工单位应对高处作业、高边坡或深基坑作业、起重作业、交叉作业、临近带电体作业、危险场所动火作业、有限空间作业、射线作业、爆破作业、水上（下）作业、洞室作业、张力架线作业等危险性较大的作业活动，实施作业许可管理，严将履行作业许可审批手续，实行闭环管理。 12.2.2　施工单位应安排专人对特种作业人员进行现场安全管理，对上岗资格、条件等进行安全检查，确保特种作业人员持证上岗、遵守岗位操作规程和落实安全及职业病危害防护措施
4.2.3	作业行为		（1）对设备设施、工艺技术以及从业人员作业行为等进行安全风险辨识，采取相应的措施，控制作业行为安全风险。 （2）监督、指导从业人员遵守安全生产和职业卫生规章制度、操作规程，杜绝违章指挥、违规作业和违反劳动纪律的“三违”行为。 （3）为从业人员配备与岗位安全风险相适应的、符合GB/T 11651—2008规定的个体防护装备与用品，并监督、指导从业人员按照有关规定正确佩戴、使用、维护、保养和检查个体防护装备与用品。 （4）安排专人对特种作业人员进行现场安全管理，对上岗资格、条件等进行安全检查，确保特种作业人员持证上岗、遵守岗位操作规程和落实安全及职业病危害防护措施。 （5）两个以上作业队伍在同一作业区域内进行作业活动时，不同作业队伍相互之间应签订管理协议，明确各自的安全生产、职业卫生管理职责和采取的有效措施，并指定专人进行检查与协调	（1）担任旁站监理工作的监理人员，应核查特种作业人员的上岗证；检查、监督工程现场的施工质量、安全、节能减排、水土保持等状况及措施的落实情况，发现问题及时指出、予以纠正并向专业监理工程师报告。 （2）组织开展安全生产监督检查活动的同时，对总承包单位及相关作业单位开工项目的资源配置和在建项目的作业人员的作业行为、作业活动管控情况进行监督检查和评估。监督检查和评估情况应予以通报，并上报建设单位	（1）《电力建设工程施工安全管理导则》（NB/T 10096—2018） 12.3.1　施工单位应依法合理进行生产作业组织和管理，加强对从业人员作业行为的安全管理，对设备设施、工艺技术以及从业人员作业行为等进行安全风险辨识，采取相应的措施，控制作业行为安全风险。 12.3.2　施工单位应监督、指导从业人员遵守安全生产和职业卫生规章制度、操作规程，杜绝违章指挥、违规作业和违反劳动纪律的“三违”行为。 12.3.3　施工单位应为从业人员配备与岗位安全风险相适应的、符合《个体防护装备选用规范》（GB/T 11651—2008）规定的个体防护装备与用品，并监督、指导从业人员按照有关规定正确佩戴、使用、维护、保养和检查个体防护装备与用品。 （2）《四川省安全生产条例》 第三十四条　生产经营单位应当按照规定免费为从业人员提供符合国家标准或者行业标准的劳动防护用品、用具，并教育、督促从业人员正确佩戴、使用。生产经营单位不得以现金或者其他物品替代劳动防护用品、用具

续表

序号	责任条目	建设单位职责	总承包单位职责	监理单位职责	依据
4.2.4	岗位达标		（1）建立班组安全活动管理制度及班组安全标准建设标准，组织开展岗位达标活动，明确岗位达标的内容和要求。 （2）从业人员应熟练掌握本岗位安全职责、安全生产和职业卫生操作规程、安全风险及管控措施、防护用品使用、自救互救及应急处置措施。 （3）各班组应按照有关规定开展安全生产和职业卫生教育培训、安全操作技能训练、岗位作业危险预知、作业现场隐患排查、事故分析等工作，并做好记录		《电力建设工程施工安全管理导则》（NB/T 10096—2018） 3.3 施工单位施工安全管理策划内容第1条 施工单位进行施工安全管理策划的基本要求。应建立安全生产标准化建设组织机构，明确各岗位职责，开展安全生产标准化管理，定期进行自查、自评，并符合达标评级标准。 8.3 从业人员安全教育培训的基本要求第1条 参建单位应定期对从业人员进行与其所从事岗位相应的安全教育培训，确保从业人员具备必要安全生产知识，掌握安全操作技能，熟悉安全生产规章制度和操作规程，了解事故应急处理措施
4.2.5	相关方	（1）在招标文件中明确分包要求；明确建设工程分包计划的审核、审批流程，明确部门和责任人员。 （2）组织审核并确认施工单位的分包单位资质等相关材料和安全生产许可证	（1）建立相关方等安全管理制度，将相关方的安全生产和职业卫生纳入管理，对相关方的资格预审、选择、作业人员培训、作业过程检查监督、提供的产品与服务、绩效评估、续用或退出等进行管理。 （2）将分包计划及拟分包单位的资质等相关材料上报监理单位、建设单位。拟分包单位的资质必须符合国家建筑业企业资质管理的相关规定，并与所承揽的工程相适应。 （3）分包合同中必须明确分包性质（专业分包或劳务分包）；分包合同、安全生产协议的签字人必须是发、承包双方法定代表人或其授权委托人；分包单位必须在分包合同、安全生产协议签订后方可进场施工。 （4）建立合格承包商、供应商等相关方的名录和档案，定期识别服务行为安全风险，并采取有效的控制措施。 （5）不应将项目委托给不具备相应资质或安全生产、职业病防护条件的承包商、供应商等相关方。 （6）定期组织对分包单位开展现场安全检查和隐患排查治理；对关键工序、隐蔽工程、危险性大、专业性强等的专业分包工程项目施工，必须派人全过程监督。 （7）建立分包管理工作能力评价制度，从管理人员资格、施工技术、安全管理等方面制订评价标准，每季度对分包管理工作进行考核、评价	（1）严格审核施工单位上报的拟选用分包单位的资质文件、拟签订的分包合同、安全生产协议，经上报建设单位批准后，纳入监理工作范围。 （2）组织对总承包单位及相关作业单位分包计划的审核、审批，上报建设单位批准。 （3）按季度核查进场分包商的人员、机具配备、技术管理等施工能力并作出评价。评价报告上报建设单位备案。 （4）组织开展安全生产监督检查活动的同时，对总承包单位及相关作业单位对相关方的管理状况、相关方的履约情况进行监督检查和评估。监督检查和评估情况应予以通报，并上报建设单位	（1）《电力建设工程施工安全管理导则》（NB/T 10096—2018） 15.1.3 建设单位必须审核并确认施工单位的分包单位资质等相关材料和安全生产许可证。实行工程总承包的，工程总承包单位应将分包计划及分包单位的资质等相关材料上报监理单位、建设单位。 （2）《建设工程监理规范》（GB/T 50319—2013） 5.1.10 分包工程开工前，项目监理机构应审核施工单位报送的分包单位资格报审表，专业监理工程师提出审查意见后，应由总监理工程师审核签认。 分包单位资格审核应包括下列基本内容： 1 营业执照、企业资质等级证书。 2 安全生产许可文件。 3 类似工程业绩。 4 专职管理人员和特种作业人员的资格

续表

序号	责任条目	建设单位职责	总承包单位职责	监理单位职责	依据
4.3	职业卫生				
4.3.1	基础管理	（1）制定职业卫生管理制度，建立、健全职业病防治责任制；设置或者明确职业卫生管理机构或者组织，配备专职或者兼职的职业卫生管理人员。 （2）编制建设工程项目职业危害因素检测计划，并组织实施。职业危害因素检查报告应进行公告	（1）制定职业卫生管理制度，建立、健全职业病防治责任制；设置或者明确职业卫生管理机构或者组织，配备专职或者兼职的职业卫生管理人员。 （2）按照有关法律法规规章制度和标准的要求为从业人员提供符合职业卫生要求的工作环境和条件配备职业卫生保护设施工具和用品。 （3）对劳动者进行上岗前的职业卫生培训和在岗期间的定期职业卫生培训。 （4）确保使用有毒、有害物品的作业场所与生活区、辅助生产区分开，作业场所不应住人；将有害作业与无害作业分开，高毒工作场所与其他工作场所隔离。 （5）对可能发生急性职业危害的有毒、有害工作场所，应设置检验报警装置，制订应急预案，配置现场急救用品、设备，设置应急撤离通道和必要的泄险区，定期检查监测。 （6）各种防护用品、各种防护器具应定点存放在安全、便于取用的地方，建立台账，并有专人负责保管，定期校验、维护和更换。 （7）贯彻执行环境保护设施工程与主体工程同时设计、同时施工、同时投入使用的“三同时”原则。应根据建设工程环境影响报告和总体环保规划，制订环境保护计划，并进行有效控制。 （8）组织编制总承包单位文明施工策划，对施工现场文明施工进行“二次策划”，确保文明施工工作规定在施工现场得到有效落实	（1）制定“职业卫生管理监理实施细则”，配备专职或者兼职的职业卫生管理人员。 （2）按照建设单位编制的“建设工程项目职业危害因素检测计划”组织实施。对职业危害因素检查结果进行通报。 （3）组织开展安全生产监督检查活动的同时，对总承包单位及相关作业单位职业卫生管理制度执行进行监督检查和评估。监督检查和评估情况应予以通报，并上报建设单位	（1）《电力建设工程施工安全管理导则》（NB/T 10096—2018） 16.2.1　1　参建单位应按照有关法律法规规章制度和标准的要求为从业人员提供符合职业卫生要求的工作环境和条件配备职业卫生保护设施工具和用品。 16.2.1　2　参建单位应当对劳动者进行上岗前的职业卫生培训和在岗期间的定期职业卫生培训，普及职业卫生知识，督促劳动者遵守职业病防治的法律、法规、规章、国家职业卫生标准和操作规程；对职业病危害严重的岗位的劳动者，进行专门的职业卫生培训，经培训合格后方可上岗作业；因变更工艺、技术、设备、材料，或者岗位调整导致劳动者接触的职业病危害因素发生变化的，应当重新对劳动者进行上岗前的职业卫生培训。 16.2.1　7　施工单位应当对职业病防护设备、应急救援设施进行经常性的维护、检修和保养，定期检测其性能和效果，确保其处于正常状态，不得擅自拆除或者停止使用。 （2）《四川省安全生产条例》 第三十二条　高低温作业、粉尘及有毒有害气体作业、放射性作业等可能造成职业危害的场所应当采用有效的职业病防治技术、工艺、原材料，并为从业人员配备符合规定的个人防护用品。有易燃、易爆气体和粉尘的作业场所，应当使用防爆型电气设备或者采取有效的防爆技术措施。 （3）《工作场所职业卫生监督管理规定》（安监总局令第47号） 第十六条　用人单位应当为劳动者提供符合国家职业卫生标准的职业病防护用品，并督促、指导劳动者按照使用规则正确佩戴、使用，不得发放钱物替代发放职业病防护用品。用人单位应当对职业病防护用品进行经常性的维护、保养，确保防护用品有效，不得使用不符合国家职业卫生标准或者已经失效的职业病防护用品

续表

序号	责任条目	建设单位职责	总承包单位职责	监理单位职责	依据
4.3.2	职业卫生检查	编制本单位职业卫生（或健康）检查计划并组织实施	（1）建立年度职业卫生检查计划，编制职业卫生检查计划表，重点检查本单位从事接触职业病危害作业的从业人员的职业卫生监护情况。 （2）组织从业人员进行上岗前、在岗期间、特殊情况应急后和离岗时的职业健康检查，将检查结果书面告知从业人员并存档。 （3）职业卫生监督检查应与日常安全生产监督检查工作结合起来，认真组织实施，对在监督检查中查出的问题及时进行整改并形成闭环	每季度对总承包单位及相关作业单位“职业卫生检查计划”实施情况及相关资料（记录）进行监督检查通报	《电力建设工程施工安全管理导则》（NB/T 10096—2018） 16.2.3 职业卫生检查计划及实施 1 施工单位应建立年度职业卫生检查计划，编制职业卫生检查计划表，重点检查本单位从事接触职业病危害作业的从业人员的职业卫生监护情况。 2 职业卫生监督检查应与日常安全生产监督检查工作结合起来，认真组织实施，对在监督检查中查出的问题及时进行整改并形成闭环
4.3.3	职业危害告知		（1）与劳动者订立劳动合同时，应当将工作过程中可能产生的职业病危害及其后果、职业病防护措施和待遇等如实告知劳动者，并在劳动合同中写明。 （2）在醒目位置设置公告栏，公布有关职业病防治的规章制度、操作规程、职业病危害事故应急救援措施和工作场所职业病危害因素检测结果；存在或产生高毒物品的作业岗位，应在醒目位置设置高毒物品告知卡，告知卡应当载明高毒物品的名称、理化特性、健康危害、防护措施及应急处理等告知内容与警示标识。 （3）通过职业病危害申报与备案管理系统及时、如实向安全生产监督管理部门申报生产过程存在的职业危害因素，发生变化后及时补报	每季度对总承包单位及相关作业单位“职业危害告知”和申报情况及相关资料（记录）进行监督检查通报	《电力建设工程施工安全管理导则》（NB/T 10096—2018） 16.2.1 3 施工单位应当在醒目位置设置公告栏，公布有关职业病防治的规章制度、操作规程、职业病危害事故应急救援措施和工作场所职业病危害因素检测结果；存在或产生高毒物品的作业岗位，应在醒目位置设置高毒物品告知卡，告知卡应当载明高毒物品的名称、理化特性、健康危害、防护措施及应急处理等告知内容与警示标识。 16.2.1 10 参建单位与劳动者订立劳动合同时，应当将工作过程中可能产生的职业病危害及其后果、职业病防护措施和待遇等如实告知劳动者，并在劳动合同中写明。劳动者在履行劳动合同期间因工作岗位或者工作内容变更，从事与所订立劳动合同中未告知的存在职业病危害的作业时，用人单位应当向劳动者履行如实告知的义务

续表

序号	责任条目	建设单位职责	总承包单位职责	监理单位职责	依据
4.3.4	职业危害因素检测与评价		（1）对工作场所职业危害因素进行日常监测，并保存监测记录。 （2）编制职业危害因素检测计划，并组织实施。每年至少委托具备资质的职业卫生技术服务机构对其存在职业危害因素的工作场所进行一次全面检测、评价。检测、评价结果存入职业卫生档案，并向安全监管部门报告，向从业人员公布。 （3）定期检测结果中职业危害因素液度或强度超过职业接触限值的，应根据职业卫生技术服务机构提出的整改建议，结合本单位的实际情况，制定切实有效的整改方案，立即进行整改。整改落实情况应有明确的记录并存入职业卫生档案备查	每季度对总承包单位及相关作业单位“职业危害检测”及相关资料（记录）进行监督检查通报，提出相应整改意见，并落实整改闭合	（1）《电力建设工程施工安全管理导则》（NB/T 10096—2018） 16.2.4　1　存在职业病危害的单位，应当开展职业病危害因素检测和职业病危害现状评价工作，每年至少进行一次职业病危害因素检测。 16.2.4　2　职业病危害严重的单位，应当每3年至少进行一次职业病危害现状评价。 16.2.5　1　施工单位应当建立职业病危害因素定期检测制度，每年至少委托具备资质的职业卫生技术服务机构对其存在职业病危害因素的工作场所进行一次全面检测。 16.2.5　2　施工单位应当将职业病危害因素定期检测工作纳入年度职业病防治计划并制订实施方案，明确责任部门或责任人，所需检测费用纳入年度经费预算予以保障。应当建立职业病危害因素定期检测档案，并纳入其职业卫生档案体系。 （2）《用人单位职业病危害现状评价技术导则》（AQ/T 4270—2015） 8.2.2.1　职业病危害因素检测办法
4.4	警示标志		（1）编制总承包工程项目“安全警示标志及标志平面布置图”。 （2）按照有关规定和工作场所的安全风险特点，在有重大危险源、较大危险因素和严重职业病危害因素的工作场所，设置明显的、符合有关规定要求的安全警示标志和职业病危害书示标识。 （3）主要出入口明显处应设置“五牌二图”；在施工现场入口处、施工起重机械、临时用电设施、脚手架、出入通道口、楼梯口、电梯井口、孔洞口、桥梁口、隧道口、基坑边沿、爆破物及有害危险气体和液体存放处，在检维修、施工、吊装等作业现场，以及可能产生严重职业危害作业岗位醒目位置，张贴临时或永久性警示标志和告知牌或设置警戒区域、设置围栏等；在厂内道路设置限速、限高、禁行等标志。夜间应设灯光警示。 （4）安全警示标志和职业病危害警示标识应标明安全风险内容、危险程度、安全距离、防控办法、应急措施等内容。在有重大隐患的工作场所和设备设施上设置安全警示标志，标明治理责任、期限及应急措施；在有安全风险的工作岗位设置安全告知卡，告知从业人员本企业、本岗位主要危险有害因素、后果、事故预防及应急措施、报告电话等内容；在设备设施施工、吊装、检维修等作业现场设置警戒区域和警示标志；在检维修现场的坑、井、渠、沟、陡坡等场所设置围栏和警示标志，进行危险提示、警示，告知危险的种类、后果及应急措施等。 （5）对安全标识定期检查，对破损、变形、褪色等不符合要求的及时修整或更换	组织开展安全生产监督检查活动的同时，对总承包单位及相关作业单位“安全警示标志”的设置及使用维护状况进行监督检查，提出相应整改意见，并落实整改闭合	（1）《四川省安全生产条例》 第二十八条　生产经营单位应当在具有较大危险因素的生产经营场所、设施、设备及其四周，设置符合国家标准或者行业标准的明显的安全警示标志。 （2）《电力建设工程施工安全管理导则》（NB/T 10096—2018） 12.1.5　施工单位应按照有关规定和工作场所的安全风险特点，在有重大危险源、较大危险因素和严重职业病危害因素的工作场所，设置明显的、符合有关规定要求的安全警示标志和职业病危害告示标识

5. 安全风险管控及隐患排查治理

序号	责任条目	建设单位职责	总承包单位职责	监理单位职责	依据
5.1	安全风险管理				
5.1.1	安全风险辨识	（1）编制建设工程重大风险管理制度和风险分级标准。 （2）监督参建单位工程项目安全生产风险辨识管理情况以及安全风险辨识资料的统计、分析、整理和归档	（1）建立安全风险辨识、评估管理、风险应对制度，并明确安全风险评估的目的、范围、频次、准则和工作程序等。 （2）组织全员对本单位安全风险进行全面、系统的辨识。安全风险辨识范围应覆盖本单位的所有活动及区域，并考虑正常、异常和紧急三种状态及过去、现在和将来三种时态。安全风险辨识应采用适宜的方法和程序，且与现场实际相符。 （3）每季度组织一次对建设工程全面、系统的风险辨识活动。 （4）对安全风险辨识资料进行统计、分析、整理和归档	（1）组织制定项目重大风险管理制度，编制“隐患排查治理监理实施细则”，明确重大风险辨识、评价和控制的职责、方法、范围、流程等要求；组织编制“建设工程安全生产风险分级标准”。经建设单位审查批准后，发布实施。 （2）按照建设单位的安排，每季度组织一次对建设工程全面、系统的风险辨识活动。风险辨识活动情况上报建设单位。 （3）对安全风险辨识材料进行统计、分析、整理和归档	《电力建设工程施工安全管理导则》（NB/T 10096—2018） 12.3.1 施工单位应依法合理进行生产作业组织和管理，加强对从业人员作业行为的安全管理，对设备设施、工艺技术以及从业人员作业行为等进行安全风险辨识，采取相应的措施，控制作业行为安全风险
5.1.2	安全风险评估	（1）组织（或委托第三方）适时进行建设工程安全现状评价。评价报告上报行业和地方人民政府主管部门。 （2）建立建设工程重大风险管理台账。按季度调整，实施动态管理	（1）建立安全风险评估管理制度，明确安全风险评估的目的、范围、频次、准则和评估方法、工作程序等。 （2）选择合适的安全风险评估方法，每季度对所辨识出的存在安全风险的作业活动、设备设施、物料等进行评估。在进行安全风险评估时，至少应从影响人、财产和环境三个方面的可能性和严重程度进行分析。风险评估报告报送监理单位、建设单位。 （3）根据风险评估情况，确定风险等级，建立风险等级管理台账。 （4）每季度组织（或委托具备规定资质条件的专业技术服务机构）对总承包工程的安全生产状况进行安全现状评价。通过评价查找其存在的危险、有害因素并确定危险程度，制定合理可行的安全对策措施。评价报告报送监理单位、建设单位。 （5）每年组织（或委托具备规定资质条件的专业技术服务机构）对总承包工程的安全生产状况进行安全评价。通过评价查找其存在的危险、有害因素并确定危险程度，制订合理可行的安全对策措施和改进计划。评价报告报送监理单位、建设单位。 （6）对安全风险评估和安全评价材料进行统计、分析、整理和归档	（1）每季度对总承包单位及相关作业单位的风险评估情况进行专项检查，汇总建立“建设工程重大风险清单”，并上报建设单位。 （2）每半年至少组织一次对建设工程安全生产状况的安全现状评价。通过评价查找建设工程存在的危险、有害因素并确定危险程度，提出合理可行的安全对策措施及建议。评价报告报送建设单位。 （3）依据安全风险类别和等级建立建设工程安全风险数据库。相关资料报建设单位	《电力建设工程施工安全管理导则》（NB/T 10096—2018） 14.1.3 2 在进行安全风险评估时，应从影响人、财产和环境三个方面的可能性和严重程度进行分析。对不同类别的安全风险，应选择合适的安全风险评估方法确定安全风险等级。常用的安全风险评估方法有头脑风暴法、预先危险性分析法、LEC法、风险矩阵法、专家经验法等

续表

序号	责任条目	建设单位职责	总承包单位职责	监理单位职责	依　据
5.1.3	安全风险控制	（1）保证总承包单位重大风险与危险源辨识及重大风险与危险源检查、检测、监控、整改隐患等所需的资金需要。 （2）定期监督检查参建单位风险管控措施的落实情况。 （3）建立“重大风险与危险源”监控管理台账，实施动态管理	（1）应采取工程技术措施、管理控制措施、个体防护措施等对安全风险进行控制，并登记建档。 （2）根据安全风险评估结果及生产经营状况等，确定相应的安全风险等级，对其进行分级分类管理，实施安全风险差异化动态管理，制定并落实相应的安全风险控制措施。 （3）应将安全风险评估结果及所采取的控制措施告知相关从业人员，使其熟悉工作岗位和作业环境中存在的安全风险，掌握、落实应采取的控制措施。 （4）涉及危险化学品的应进行重大危险源辨识和管理。对确认的重大危险源制定安全管理技术措施和应急预案。并对重大危险源进行登记建档，设置重大危险源监控系统，进行日常监控。 （5）应公布作业活动或场所存在的主要风险、风险类别、风险等级、管控措施和应急措施，使从业人员了解风险的基本情况及防范、应急措施。对存在安全生产风险的岗位设置告知卡，标明本岗位主要危险有害因素、后果、事故预防及应急措施、报告电话等内容。对可能导致事故的工作场所、工作岗位，应当设置警示标志，并根据需要设置报警装置，配置现场应急设备设施和撤离通道等。 （6）存在重大风险与危险源的，应配置监控设施和器材，落实监控手段，对重大风险与危险源的安全状况以及重要的设备（设施）进行定期检测、检查、检验。 （7）对确认的重大风险与危险源上报建设单位、监理单位和所在地县级以上人民政府安全生产监督管理部门备案	（1）制定建设工程重大风险与危险源安全管理与监控的实施方案，定期组织安全管理与检测监控。 （2）落实风险管控措施，对重点区域、重要部位的地质灾害进行评估检查；对重大安全风险与危险源填写清单、汇总造册，上报建设单位，并保存相关的记录 （3）定期组织开展的安全生产监督检查活动，应对总承包单位及相关作业单位的安全风险管控情况进行监督检查与评估。监督检查情况通报总承包单位，评估报告上报建设单位，并保存相关的记录	《电力建设工程施工安全管理导则》（NB/T 10096—2018） 14.1.3　4　施工单位应采取工程技术措施、管理控制措施、个体防护措施等对安全风险进行控制，并登记建档

续表

序号	责任条目	建设单位职责	总承包单位职责	监理单位职责	依据
5.1.4	变更管理		(1) 建立变更管理制度，明确组织机构、施工人员、施工方案、设备设施、作业过程及环境发生变化时的变更程序及相关要求。 (2) 对变更过程及变更所产生的风险和隐患及时进行辨识、分析、评价，编制变更报告报监理单位。 (3) 及时对变更后所产生的风险和隐患进行辨识、评估；根据监理单位的审批意见及变更内容制定相应的施工方案及措施，并对作业人员进行专门的交底。 (4) 变更完工后应进行自检，并申报监理单位组织验收	(1) 建立变更管理制度，明确变更时的审批程序及相关要求。 (2) 审核总承包单位的变更计划，分析变更可能引起的安全风险，签署意见中应提出风险评价的意见报建设单位。 (3) 对变更内容完成情况进行专门的验收	(1)《电力建设工程施工安全管理导则》(NB/T 10096—2018) 11.2.2 4 施工机械设备安装、拆除应编制专项施工方案（或作业指导书），内容及审批程序符合要求，作业前应组织相关作业人员进行安全技术交底。施工过程中，不得随意变更施工方案。凡因故确需变更的，必须按规定审批程序进行。 (2)《建设工程监理规范》(GB/T 50319—2013) 6.3.1 项目监理机构可按下列程序处理施工单位提出的工程变更： 1 总监理工程师组织专业监理工程师审查施工单位提出的工程变更申请，提出审查意见。对涉及工程设计文件修改的工程变更，应由建设单位转交原设计单位修改工程设计文件。必要时，项目监理机构应建议建设单位组织设计、施工等单位召开论证工程设计文件的修改方案的专题会议。 2 总监理工程师组织专业监理工程师对工程变更费用及工期影响作出评估。 3 总监理工程师组织建设单位、施工单位等协商确定工程变更费用及工期变化，会签工程变更单。 4 项目监理机构根据批准的工程变更文件监督施工单位实施工程变更
5.2	隐患排查治理				

续表

序号	责任条目	建设单位职责	总承包单位职责	监理单位职责	依　　据
5.2.1	隐患排查	（1）组织隐患排查治理制度。制度应包括隐患排查、登记、整改、评估、核销、报告的闭环管理各环节规定。 （2）组织制定隐患排查治理标准。 （3）按季度组织开展隐患排查治理工作	（1）建立隐患排查治理制度，明确事故隐患的分级标准、隐患排查目的、范围、内容、方法、频次和要求等；建立并落实从主要负责人到每位从业人员的隐患排查治理和防控责任制，并组织开展相应的培训。 （2）隐患排查前应制定排查方案，明确排查的目的、范围、时间、人员，组织隐患排查工作。 （3）按照有关规定，结合安全生产的需要和特点，采用综合检查、专业检查、季节性检查、节假日检查、日常检查等不同方式，按照“基础管理和现场管理隐患排查标准”组织进行隐患排查。 （4）保持完善的隐患排查活动资料（记录）	（1）根据建设单位的安排，依据有关法律法规、标准规范，组织制定基础管理和现场管理隐患排查标准，明确隐患排查的时限、范围、内容和要求，报建设单位批准后组织实施。 （2）编制“隐患排查治理监理实施细则”，报建设单位批准后组织实施。 （3）采用综合检查、专业检查、季节性检查、节假日检查、日常检查等不同方式组织总承包单位进行隐患排查。隐患排查情况及时进行通报，并上报建设单位	（1）《电力建设工程施工安全管理导则》（NB/T 10096—2018） 14.2.3　1　参建单位对排查出的事故隐患，应及时采取有效的治理措施，形成“查找一分析一评估一报告一治理（控制一验收）”的闭环管理流程。对于危害和整改难度较小，发现后能够立即整改排除的一般事故隐患，应立即组织整改。对属于一般事故隐患但不能立即整改到位的应下达“隐患整改通知书”，制定隐患治理措施，限期落实整改。 （2）《电力建设工程施工安全监督管理办法》（2015年发改委令第28号） 第二十六条　施工单位应当定期组织施工现场安全检查和隐患排查治理，严格落实施工现场安全措施，杜绝违章指挥、违章作业、违反劳动纪律行为发生。 （3）《国务院安委会办公室关于印发工贸行业企业安全生产标准化建设实施指南》（安委办〔2012〕28号） 8.1　隐患排查 （1）应建立隐患排查治理的管理制度，明确责任部门、人员、方法。 （2）制定隐患排查工作方案，明确排查的目的、范围、方法和要求等

续表

序号	责任条目	建设单位职责	总承包单位职责	监理单位职责	依据
5.2.2	隐患治理	（1）定期组织开展建设工程隐患排查治理情况的监督检查工作，实行隐患闭环管理。 （2）建立建设工程隐患信息档案和重大隐患治理管理台账，实施动态管理	（1）对排查出的事故隐患，应及时采取有效的治理措施，按照职责分工实施监控治理，形成“查找—分析—评估—报告—治理（控制—验收）”的闭环管理流程。 （2）应根据隐患排查的结果，制定隐患治理措施或方案，对隐患及时进行治理。 （3）在隐患治理过程中，应采取相应的监控防范措施。隐患排除前或排除过程中无法保证安全的，应从危险区域内撤出作业人员，疏散可能危及的人员，设置警戒标志，暂时停产停业或停止使用相关设备、设施。 （4）事故隐患治理、整改完毕后，应对事故隐患治理情况进行验证和效果评估，并做好整改记录。事故隐患治理情况验证和效果评估报告及时报送监理单位。 （5）实行重大隐患报告制度；对“挂牌督办”的重大隐患实施重点管理。治理工作结束后，存在重大隐患单位应组织技术人员、安全专家对事故隐患的治理情况进行验证和效果评估，填报重大事故隐患排查治理信息，上报有关部门、监理单位。 （6）按照隐患的等级进行记录，建立隐患信息档案和管理台账	（1）审查批准总承包单位的隐患治理措施或方案。 （2）对重大隐患治理活动实施重点监控，对治理效果进行验证。验证结果及时上报建设单位。 （3）及时建立隐患信息档案和重大隐患治理管理台账，并上报建设单位。 （4）在实施监督检查过程中，发现施工单位隐患排查治理工作不到位的，应签发监理通知单并要求整改。施工单位拒不整改时，监理单位应下发暂时停工令，并及时向建设单位、建设工程主管单位报送监理报告。 （5）定期组织开展的安全生产监督检查活动，应对总承包单位及相关作业单位的隐患治理和重大隐患管控情况进行监督检查与评估。监督检查情况通报总承包单位，评估报告上报建设单位，并保存相关的记录	（1）《电力建设工程施工安全管理导则》（NB/T 10096—2018） 14.2.3 1 参建单位对排查出的事故隐患，应及时采取有效的治理措施，形成“查找—分析—评估—报告—治理（控制—验收）”的闭环管理流程。对于危害和整改难度较小，发现后能够立即整改排除的一般事故隐患，应立即组织整改。对属于一般事故隐患但不能立即整改到位的应下达“隐患整改通知书”，制定隐患治理措施，限期落实整改。 （2）《国务院安委会办公室关于实施遏制重特大事故工作指南构建双重预防机制的意见》（安委办〔2016〕11号） 二、（1）全面开展安全风险辨识（2）科学评定安全风险等级（3）有效管控安全风险（4）实施安全风险公告警示（5）建立完善隐患排查治理体系。 （3）《国务院安委会办公室关于印发工贸行业企业安全生产标准化建设实施指南》（安委办〔2012〕28号） 8.3 隐患治理（1）应根据隐患排查的结果，及时进行整改。不能立即整改的，制定隐患治理方案，对隐患进行治理。方案内容应包括目标和任务、方法和措施、经费和物资、机构和人员、时限和要求。重大事故隐患在治理前应采取临时控制措施，并制订应急预案。隐患治理措施应包括工程技术措施、管理措施、教育措施、防护措施、应急措施等

续表

序号	责任条目	建设单位职责	总承包单位职责	监理单位职责	依据
5.2.3	信息记录、通报和报送		(1) 如实记录隐患排查治理情况，每月进行统计分析，及时将隐患排查治理情况向从业人员通报。 (2) 运用隐患自查、自改、自报信息系统，通过信息系统对隐患排查、报告、治理、销账等过程进行电子化管理和统计分析，并按照行业和当地安全监管部门和有关部门的要求，实时报送隐患排查治理情况	(1) 定期组织开展的安全生产监督检查活动，应如实记录总承包单位及相关作业单位的隐患排查治理情况，及时上报建设单位，并保存相关的记录。 (2) 通过信息系统对隐患排查、报告、治理、销账等过程进行电子化管理和统计分析，实时向建设单位报送隐患排查治理情况	(1)《电力建设工程施工安全管理导则》(NB/T 10096—2018) 14.2.1 3 参建单位应当建立事故隐患排查治理信息档案，对隐患排查治理情况进行详细记录。宜运用隐患自查、自改、自报信息系统，通过信息系统对隐患排查、报告、治理、销账等过程进行电子化管理和统计分析，并按照当地安全监管部门和有关部门的要求，定期或实时报送隐患排查治理情况。 (2)《国务院安委会办公室关于印发工贸行业企业安全生产标准化建设实施指南》(安委办〔2012〕28号) 8.3 隐患治理 (3) 应按规定对隐患排查和治理情况进行统计分析，并向安全监管部门和有关部门报送书面统计分析表
5.2.4	预测预警		(1) 根据安全风险管理及事故隐患排查治理情况，运用定量或定性的安全生产预测预警技术，建立体现本单位安全生产状况及发展趋势的安全生产预测预警体系，对可能发生的危险进行事先预报。 (2) 根据施工项目的地域特点及自然环境情况，对于因自然灾害可能导致事故灾难的隐患，应当按照有关法律法规、规范标准的要求排查治理，采取可靠的预防措施，制定相应的应急预案。 (3) 每季度召开安全生产风险分析会，对排查出的事故隐患进行分类分析，查找管理工作存在的缺失，研判安全生产状况及发展趋势，进行安全生产管理预测预警；制定针对性的整改措施，完善管理工作，保存完善的资料	(1) 根据安全风险管理及事故隐患排查治理情况，运用定量或定性的安全生产预测预警技术，分析建设工程安全生产状况及发展趋势，对可能发生的危险事先向建设单位进行预报。 (2) 每季度召开建设工程安全生产风险分析会，对隐患排查治理情况进行分析评估，通报安全生产状况及发展趋势，对总承包单位提出针对性的整改措施。相关资料及时上报建设单位	(1)《电力建设工程施工安全管理导则》(NB/T 10096—2018) 14.2.4 1 参建单位应根据安全风险管理及事故隐患排查治理情况，运用定量或定性的安全生产预测预警技术，建立体现本单位安全生产状况及发展趋势的安全生产预测预警体系，对可能发生的危险进行事先预报。 (2)《国务院安委会办公室关于印发工贸行业企业安全生产标准化建设实施指南》(安委办〔2012〕28号) 8.4 预测预警：企业应根据生产经营状况及隐患排查治理情况，采用技术手段、仪器仪表及管理方法等，建立安全预警指数系统，每月进行一次安全生产风险分析

6. 应急管理

序号	责任条目	建设单位职责	总承包单位职责	监理单位职责	依　　据
6.1	应急准备	（1）建立健全建设工程项目统一的应急管理体系，明确责任，建立应急管理工作领导机构和工作机构。 （2）对建设工程项目各类突发事件的预防与应急准备、监测与预警、应急处置与救援、事后恢复与重建等活动实施全过程的指挥、协调和指导管理；配合工程所在地人民政府应急救援指挥机构的救援工作；配合行业主管部门应急处置指挥机构及其他有关主管部门发布和通报有关信息等。 （3）建立应急专家组，并与地方应急救援机构以及当地医院、消防队伍加强联系，定期召开联席会议，互通信息，取得社会应急资源的协助与支援	（1）建立应急管理制度，健全总承包工程项目应急管理体系，建立应急管理工作领导机构、应急管理综合协调部门、应急管理分管部门和应急专家组，明确责任；并安排一名专（兼）职应急管理人员负责本单位项目的应急值守、应急信息汇总等。相关文件（资料）报监理单位备案。 （2）建立与总承包工程安全生产特点相适应的专（兼）职应急管理人员和专（兼）职应急救援队伍，与邻近专业应急救援队伍签订应急救援服务协议。相关文件（资料）报监理单位备案。 （3）建立专、兼职应急救援队伍和专、兼职应急管理人员档案，投保意外伤害保险；配备与救援活动相适应的救援装备。 （4）根据总承包工程安全生产特点，制订训练计划，按季度组织对专、兼职应急救援队伍和专、兼职应急管理人员开展应急救援知识与救援能力培训和应急装备使用训练。 （5）对总承包工程项目各类突发事件的预防与应急准备、监测与预警、应急处置与救援、事后恢复与重建等活动实施全过程的指挥、协调和指导管理；配合建设单位应急救援指挥机构的救援工作。 （6）每年进行一次应急准备评估。评估报告及时报送监理单位	（1）按照建设单位的要求、结合建设工程和总承包单位应急管理工作的部署，编制应急管理监理实施细则，承担对建设工程和总承包单位日常应急管理工作的监督检查。 （2）定期组织开展的安全生产监督检查活动，应对总承包单位及相关作业单位的应急管理组织体系建设与运行情况进行监督检查，及时发现应急管理体系存在的问题，上报建设单位。 （3）及时对总承包单位应急准备评估报告进行评价，评价结果通报总承包单位，并上报建设单位	（1）《电力建设工程施工安全管理导则》（NB/T 10096—2018） 17.1　参建单位应建立健全应急管理体系，完善应急管理组织机构。履行应急管理主体责任，贯彻落实国家应急管理方针政策及有关法律法规、规定，建立相应的工作制度和例会制度，完善应急管理责任制，应急管理责任制应覆盖本单位全体职工和岗位、全部生产经营和管理过程。 （2）《关于加强应急管理工作的意见》（国发〔2006〕24号） （十三）加强应急救援队伍建设。建立应急救援专家队伍，充分发挥专家学者的专业特长和技术优势。逐步建立社会化的应急救援机制，大中型企业特别是高危行业企业要建立专职或者兼职应急救援队伍，并积极参与社会应急救援；研究制订动员和鼓励志愿者参与应急救援工作的办法，加强对志愿者队伍的招募、组织和培训

续表

序号	责任条目	建设单位职责	总承包单位职责	监理单位职责	依　据
6.2	应急预案	（1）应根据工程的组织结构、管理模式、工程规模、风险种类、应急能力及周边环境等，组织编制综合应急预案。应当针对工程可能发生的自然灾害类、事故灾难类、公共卫生事件类和社会安全事件类等各类突发事件，组织编制相应的专项应急预案。 （2）组建评审专家工作组，及时对总体应急预案、专项应急预案进行评审，按照有关规定予以发布。并将应急预案报行业和当地主管部门备案。 （3）应急预案评审应邀请地方人民政府应急管理工作办公室、行业主管部门的应急、安全技术管理人员参加	（1）加强各类突发事件的风险识别、分析和评估，针对突发事件的性质、特点和可能造成的社会危害，编制总承包单位及相关作业单位的总体应急预案、专项应急预案和现场处置方案。并编制重点岗位、人员应急处置卡。 （2）加强预案管理，建立应急预案的评估、修订和备案管理制度。组建评审专家工作组，及时对总承包单位及相关作业单位的总体应急预案、专项应急预案和现场处置方案进行评审。评审报告报监理单位审查、批准。并按照有关规定发布各类应急预案，并报建设单位和当地主管部门备案。 （3）编制总承包单位应急预案培训计划，每半年至少应组织一次应急管理工作领导机构、应急管理综合协调部门、应急管理分管部门和专（兼）职应急管理人员参加的应急预案教育宣贯培训。 （4）相关作业单位每月应对适用的现场处置方案进行一次交底、宣贯与考问；班组安全日活动应对应急处置卡组织进行一次学习、考问。 （5）总承包单位及相关作业单位应在办公、生产经营场所（重点作业岗位）公布应急处置方案或措施；公布沟通联络的信息	（1）编制内部的现场处置方案，定期开展宣贯培训。 （2）监理人员应熟悉建设单位的应急预案及相应的响应程序。 （3）组织对总承包单位各类应急预案体系建设情况及应急预案评审报告的审查。审查报告通报总承包单位，并上报建设单位。 （4）验证总承包单位应急预案的发布备案与教育培训情况。验证情况通报建设单位	（1）《电力建设工程施工安全管理导则》（NB/T 10096—2018） 17.2　参建单位是应急预案管理工作的责任主体，应建立健全应急预案管理制度，完善应急预案体系，规范开展应急预案的编制、评审、发布、备案、培训、演练、修订等工作，保障应急预案的有效实施。应当依据有关法律、法规、规章、标准和规范性文件要求，结合本单位项目实际情况，编制相关应急预案，并按照“横向到边，纵向到底”的原则建立覆盖全面、上下衔接的应急预案体系。 （2）《关于加强应急管理工作的意见》（国发〔2006〕24号） （五）加强应急预案体系建设和管理。各地区、各部门要根据《国家总体应急预案》，抓紧编制修订本地区、本行业和领域的各类预案，并加强对预案编制工作的领导和督促检查。各基层单位要根据实际情况制订和完善本单位预案，明确各类突发公共事件的防范措施和处置程序。尽快构建覆盖各地区、各行业、各单位的预案体系，并做好各级、各类相关预案的衔接工作。要加强对预案的动态管理，不断增强预案的针对性和实效性

续表

序号	责任条目	建设单位职责	总承包单位职责	监理单位职责	依　　据
6.3	应急设施、装备、物资	（1）建立应急装备、物资储备管理台账，对应急设施、装备、物资至少每月保养、维护一次，并做好登记。 （2）建立建设工程应急物资、装备综合信息动态管理平台，动态更新应急物资、装备信息。在应急时可迅速获取物资、装备储备的资源分布情况，保障应急装备、物资的调剂使用	（1）应急救援预案中必须明确应急设施、装备、物资配置的具体要求。应建立应急资金投入保障机制，明确落实应急救援经费、医疗、交通运输、物资、治安和后勤等保障的具体措施。 （2）应根据可能发生的事故种类特点，按照应急救援预案的规定，妥善安排应急设施、装备、物资的配置和储备，明示存放地点和具体数量；建立应急设施、装备、物资储备管理台账，每月应对应急设施、装备、物资进行经常性的检查、维护、保养，保持完善的记录、资料。 （3）应急物资配备至少应满足预定突发事件一次救援行动所需物资量的2倍。 （4）应急装备、物资的配置、储备及更新情况及时报建设单位	（1）定期组织开展的安全生产监督检查活动，应对总承包单位及相关作业单位的应急设施、装备、物资等配备、检查及维护保养情况进行监督检查，及时提出改进意见。 （2）验证总承包单位及相关作业单位应急设施、装备、物资的配置和储备及管理台账的符合性。验证情况通报建设单位。 （3）建立建设工程应急物资、装备综合信息动态管理平台，动态更新应急物资、装备信息。在应急时及时向建设单位提供物资、装备储备的资源分布情况	（1）《电力建设工程施工安全管理导则》（NB/T 10096—2018） 17.3.2　参建单位的应急救援预案中必须明确应急设施、装备、物资配置的具体要求。应建立应急资金投入保障机制，明确落实应急救援经费、医疗、交通运输、物资、治安和后勤等保障的具体措施。 参建单位的应急管理工作办公室必须按照应急救援预案的规定，妥善安排应急设施、装备、物资配置，储备应急物资，明示存放地点和具体数量，满足各类状态下开展应急救援的需要。 （2）《关于加强应急管理工作的意见》（国发〔2006〕24号） （十四）加强各类应急资源的管理。建立国家、地方和基层单位应急资源储备制度，在对现有各类应急资源普查和有效整合的基础上，统筹规划应急处置所需物料、装备、通信器材、生活用品等物资和紧急避难场所，以及运输能力、通信能力、生产能力和有关技术、信息的储备。加强对储备物资的动态管理，保证及时补充和更新
6.4	应急演练	（1）每年至少组织一次综合应急预案演练，每半年至少组织一次专项应急预案演练。 （2）对演练活动进行总结和评估，根据评估结论和演练发现的问题，修订、完善应急预案，改进应急准备工作	（1）制订年度安全生产工作计划的同时，对应急预案演练进行整体规划，并制订具体的年度应急预案演练计划。上报监理单位。 （2）编制演练文件，每年至少组织一次综合应急预案演练；每半年至少组织一次专项应急预案和现场处置方案的演练。 （3）对演练活动进行总结和评估，根据评估结论和演练发现的问题，制订和落实完善预案、加强应急管理、改进应急设施设备等的整改措施，明确负责部门、人员、工作进度和整改费用等。并根据评估结果，修订、完善应急预案，改进应急管理工作。演练评估报告及时报监理单位。 （4）修订、完善的应急预案应重新组织评审、发布和备案。 （5）将演练计划、方案、评估报告、记录材料和总结报告等资料，纳入安全生产管理档案妥善保存	（1）审查总承包单位及相关作业单位年度应急预案演练计划的合规性。审查结果上报建设单位。 （2）督促总承包单位及相关作业单位实施应急预案演练计划。 （3）根据总承包单位上报的演练评估报告，对总承包单位的演练活动和应急预案的修订、完善提出针对性意见	（1）《电力建设工程施工安全管理导则》（NB/T 10096—2018） 17.3.4　建设单位每年至少组织一次综合应急预案演练，每半年至少组织一次专项应急预案演练。 施工单位、工程总承包单位每年至少组织一次综合应急预案演练，每半年至少组织一次专项应急预案演练。 （2）《四川省安全生产条例》 第十四条　生产经营单位主要负责人应当履行下列安全生产职责：（六）组织制定并实施本单位的生产安全事故应急救援预案，建立应急救援组织，完善应急救援条件，开展应急救援演练，并按规定报送安全生产监督管理部门或者有关部门备案

续表

序号	责任条目	建设单位职责	总承包单位职责	监理单位职责	依　据
6.5	应急处置	（1）建设工程发生事故后，采取应急处置措施，启动相关应急预案，组织开展事故救援，必要时寻求社会支援。 （2）负责建设工程项目突发事故的信息发布。并及时向地方人民政府应急管理机构、行业主管部门报告事故发展态势、救援处置、善后处理等情况	（1）发生事故后，应根据预案要求，立即启动应急响应程序，按照有关规定开展先期处置和事故报告情，并发出警报。 （2）发生有毒有害物质泄漏、火灾、治安、群体、交通、食物中毒等紧急事件发生时，应及时与110、119、120和当地专业应急救援队伍取等取得联系寻求救助。 （3）做好事故后果的影响消除、施工秩序恢复、污染物处理、善后理赔、应急能力评估、应急预案的评价和改进等后期处置工作。 （4）保持翔实的救援活动记录、资料。待应急救援结束后，进行全面的救援活动总结，向建设单位、行业监管机构报告。 （5）完成险情或事故应急处置后，应主动开展应急处置评估。应急处置报告应向建设单位、行业监管机构报告。 （6）按季度自主开展应急能力建设评估，编制评估报告，向建设单位、行业监管机构报告。自主组建评估专家队伍	（1）应全程关注建设工程项目的事故救援处置、善后处理、环境清理、监测等工作。 （2）对事故救援活动进行总结、评估，提出针对性的整改意见。 （3）按季度对建设工程项目和总承包单位的应急能力建设情况开展监督检查与指导。应对应急能力建设情况进行评估，编制评估报告，分别向建设单位报告	（1）《电力建设工程施工安全管理导则》（NB/T 10096—2018） 17.4　发生事故后，企业应根据预案要求，立即启动应急响应程序，按照有关规定报告事故情况，并开展先期处置：发出警报，在不危及人身安全时，现场人员采取阻断或隔离事故源、危险源等措施；严重危及人身安全时，迅速停止现场作业，现场人员采取必要的或可能的应急措施后撤离危险区域。 （2）《关于加强应急管理工作的意见》（国发〔2006〕24号） （十五）全力做好应急处置和善后工作。突发公共事件发生后，事发单位及直接受其影响的单位要根据预案立即采取有效措施，迅速开展先期处置工作，并按规定及时报告

7. 事故查处

序号	责任条目	建设单位职责	总承包单位职责	监理单位职责	依据
7.1	事故报告	单位负责人接到事故报告后，于1小时内向事故发生地县级以上人民政府安全生产监督管理部门和行业监管部门报告	（1）建立事故报告程序，明确事故内外部报告的责任人、时限、内容等，并教育、指导从业人员严格按照有关规定的程序报告发生的生产安全事故。 （2）发生事故后，事故现场有关人员应当立即向总承包单位及相关作业单位负责人报告；总承包单位及相关作业单位负责人接到报告后，应当立即向建设单位报告。 （3）自事故发生之日起30日内，事故造成的伤亡人数发生变化的或道路交通事故、火灾事故自发生之日起7日内，事故造成的伤亡人数发生变化的，应及时向原报告单位进行补报。 （4）发生火灾、自然灾害、危险物品、特种设备事故（事件）的，应同时向属地人民政府行业监管部门报告。 （5）较大涉险事故、一般事故、较大事故每日至少续报1次；重大事故、特别重大事故每日至少续报2次	（1）督促事故单位及时报告安全事故。 （2）建立建设工程事故档案和管理台账	（1）《建设工程安全生产管理条例》（国务院令第393号） 第五十条　实行施工总承包的建设工程，由总承包单位负责上报事故。 （2）《生产安全事故报告和调查处理条例》（国务院令第493号） 第九条　事故发生后，事故现场有关人员应当立即向本单位负责人报告；单位负责人接到报告后，应当于1小时内向事故发生地县级以上人民政府安全生产监督管理部门和负有安全生产监督管理职责的有关部门报告。 （3）《生产安全事故信息报告和处置办法》（安全监管总局令第21号） 第四条　事故信息的报告应当及时、准确和完整，信息的处置应当遵循快速高效、协同配合、分级负责的原则

续表

序号	责任条目	建设单位职责	总承包单位职责	监理单位职责	依据
7.2	调查和处理	（1）应根据事故等级，积极配合有关人民政府开展事故调查。 （2）组织因事故造成电力设备、设施损坏的抢修。 （3）组织对轻伤事故或直接经济损失五十万元以上的事故调查。 （4）应在事故结案后及时组织编制案例，报属地行业主管部门。 （5）及时召开安全生产分析通报会，对总承包单位对事故当事人的聘用、培训、考评、上岗以及安全管理等情况进行责任倒查	（1）应建立内部事故调查和处理制度，按照有关规定、行业标准和国际通行做法，将造成人员伤亡（轻伤、重伤、死亡等人身伤害和急性中毒）和财产损失的事故纳入事故调查和处理范畴。 （2）发生事故后，应及时成立事故调查组，明确其职责与权限，进行事故调查。事故（事件）的调查应查明事故发生的时间、经过、原因、人员伤亡情况及直接经济损失等。 （3）事故调查组应根据有关证据、资料，分析事故的直接、间接原因和事故责任，提出应吸取的教训、整改措施和处理建议，编制事故调查报告。 （4）应开展事故案例警示教育活动，认真吸取事故教训，落实防范和整改措。 （5）组织对没有发生人员伤亡或直接经济损失五十万元以下的事故（事件）调查。 （6）按照“四不放过”原则进行全员事故反思，结合岗位工作实际，制定反事故具体措施和“举一反三”的防范措施，防止类似事故再次发生。 （7）按照地方人民政府或行业监管部门事故调查组的要求，积极配合事故调查工作	（1）组织有关单位开展事故案例警示教育活动，认真吸取事故教训。 （2）应在事故结案后及时编制案例，上报建设单位。 （3）对事故发生单位落实防范和整改措施的情况进行监督检查	（1）《电力建设工程施工安全管理导则》（NB/T 10096—2018） 18.3.3 发生事故后，参建单位应及时成立内部事故调查组，明确其职责与权限，进行事故调查。事故调查应查明事故发生的时间、地点、经过、原因、波及范围、人员伤亡情况及直接经济损失等。 （2）《生产安全事故报告和调查处理条例》（国务院令第493号） 第二十五条 事故调查组履行下列职责： （一）查明事故发生的经过、原因、人员伤亡情况及直接经济损失； （二）认定事故的性质和事故责任； （三）提出对事故责任者的处理建议； （四）总结事故教训，提出防范和整改措施； （五）提交事故调查报告
7.3	管理	建立建设工程事故档案和管理台账	（1）建立事故档案和管理台账。 （2）每季度按照有关规定和国家、行业确定的事故统计指标开展事故统计分析	每季度按照有关规定和国家、行业确定的事故统计指标开展事故统计分析，编制分析报告，并报建设单位	《电力建设工程施工安全管理导则》（NB/T 10096—2018） 18 事故报告与调查处理安全事故管理的其基本任务是对事故的调查、分析、研究、报告、处理、统计和档案管理等。参建单位依法合规开展事故报告和调查处理，落实生产安全事故责任追究制度，吸取事故教训，防止和减少生产安全事故

8. 持续改进

序号	责任条目	建设单位职责	总承包单位职责	监理单位职责	依据
8.1	安全检查	组织开展国家、行业及上级管理部门要求开展的安全管理活动	(1) 策划编制建设工程安全生产标准化建设规划及其基本要求，制定安全监督检查与改进管理办法，安全监督检查的内容、形式、类型、标准、方法、频次，检查、整改、复查，安全生产管理评估与持续改进等工作内容。 (2) 定期或不定期的组织开展综合检查、专项检查、季节性检查、节假日检查、经常性检查、自检与交接检查等。 (3) 每月至少开展一次对相关作业单位所承担建设工程项目的安全检查活动。 (4) 各类安全检查中发现的安全隐患和环境保护、职业卫生、安全文明施工管理问题，应下发整改通知，限期整改，并对整改结果进行确认，实行闭环管理；对因故不能立即整改的问题，责任单位应采取临时措施，并制定整改计划，分阶段实施	(1) 按月组织对建设工程施工现场和总承包单位及相关作业单位管理工作的综合性检查活动，掌握现场安全生产动态，建立安全管理台账。编印检查通报，通报总承包单位及相关作业单位，报告建设单位。 (2) 每季度至少组织一次对总承包单位及相关作业单位对安全生产法律法规、规章制度、标准规范、操作规程和安全生产管理制度执行情况监督检查。编制监督检查、评价报告，通报总承包单位，并报建设单位。 (3) 组织实施建设单位按国家、行业及上级管理部门要求开展的安全管理活动。编制活动总结报告，通报总承包单位，并报建设单位	《电力建设工程施工安全管理导则》（NB/T 10096—2018） 13　安全检查　安全检查是对施工项目贯彻安全生产法律法规的情况、安全生产状况、劳动条件、事故隐患等所进行的检查。 13.2.1　安全检查以查制度、查管理、查隐患为主要内容，同时应将环境保护、职业卫生和文明施工纳入检查范围
8.2	绩效评定	(1) 制定“安全生产管理工作考核与奖惩办法”“绩效评定管理办法”，建立安全绩效基金。 (2) 组建建设工程安全绩效评价领导小组，每年至少应对安全生产标准化管理体系的运行情况进行一次自评。 (3) 定期向建设工程项目主管部门、属地监管机构报告安全生产情况，并向参建单位进行通报。 (4) 组织开展每年一次的安全生产先进班组（管理部门）、安全生产先进个人、安全生产优秀管理人员的评选活动，对受奖单位、个人给予一定的物质奖励	(1) 制定“安全生产管理工作考核与奖惩办法”“绩效评定管理办法”，建立安全绩效基金，按照评价结果实施奖罚兑现。 (2) 每年至少应对安全生产标准化管理体系的运行情况进行一次自评。受到外部投诉或发生安全生产责任事故时、国家或行业及授权机构有要求时、生产经营与管理机制等发生重大变化时，应增加绩效评价的频次。自评情况应报告建设单位、监理单位。 (3) 每季度应对管理部门、协作单位及相关人员安全生产职责履行及安全生产目标完成情况的评价。编制评价报告，报建设单位、监理单位，按照考核评价结果，按季度实施奖罚兑现。 (4) 安全绩效评价活动结束后，总结报告形成正式文件，上报建设单位和授权机构。 (5) 落实安全生产报告制度，定期向建设单位、属地监管机构报告安全生产情况，并向监理单位进行通报	(1) 每半年至少组织一次对管理部门、相关作业单位及相关人员安全生产职责履行及安全生产目标完成情况的评价。编制绩效评估报告，每半年落实一次考核兑现。 (2) 按国家和行业相关安全法律法规、规范、标准和委托监理合同的约定，建立安全监理信息管理制度，按时做好相关安全信息的收集汇总，按要求向建设单位、上级主管部门及其他相关单位报送。 (3) 按季度编制建设工程安全生产情况报告，通报总承包单位，报告建设单位	(1)《电力建设工程施工安全管理导则》（NB/T 10096—2018）参建单位应通过绩效评定，逐步实现全面管控生产经营活动各环节的安全生产与职业卫生工作，实现安全健康管理系统化、岗位操作行为规范化、设备设施本质安全化、作业环境器具定置化，并保持持续改进。参建单位应建立健全安全绩效的评价、奖惩与持续改进管理制度。 (2)《电力建设工程施工安全管理导则》（NB/T 10096—2018） 19.1.3　建设单位每半年至少组织一次对本单位管理部门、施工（或工程总承包）单位及相关人员安全生产职责履行及安全生产目标完成情况的评价。 19.1.4　施工（或工程总承包）单位每季度应对本单位管理部门、分包单位及相关人员安全生产职责履行及安全生产目标完成情况的评价。 19.1.8　建设工程项目发生生产安全责任死亡事故，建设单位应重新进行安全绩效评定，全面查找安全生产标准化管理体系中存在的缺陷

续表

序号	责任条目	建设单位职责	总承包单位职责	监理单位职责	依据
8.3	持续改进	（1）针对责任履行、施工安全、检查监控、隐患整改、考评考核等方面评估和分析出的问题提出纠正或预防措施，纳入下一周期的安全工作实施计划当中。 （2）按周期安全工作实施计划组织实施，保持完善的资料（记录）	（1）应根据安全生产标准化管理体系的自评结果和安全生产预测预警系统所反映的趋势，以及绩效评定情况，客观分析企业安全生产标准化管理体系的运行质量，及时调整完善相关制度文件和过程管控。 （2）安全绩效评价报告中应对各项安全生产制度措施的适宜性、充分性和有效性进行验证，对安全生产工作目标、指标的完成情况进行明晰的说明。提出安全生产管理体系运行中存在的问题和缺陷以及所采取的改进措施；评价安全生产管理体系中各种资源的使用效果。 （3）安全生产监督管理部门应根据安全绩效评价结果和所反映的安全趋势，制定工作计划和措施，对安全生产目标与指标、规章制度、操作规程等进行修改完善。 （4）应针对责任履行、施工安全、检查监控、隐患整改、考评考核等方面评估和分析出的问题提出纠正或预防措施，纳入下一周期的安全工作实施计划当中，持续改进	（1）审查总承包单位的安全绩效评价报告，提出针对性的整改建议，并报告建设单位。 （2）审批总承包单位的周期安全工作实施计划，监督检查周期安全工作实施计划的执行情况。检查结果通报总承包单位，并报告建设单位	《电力建设工程施工安全管理导则》（NB/T 10096—2018） 19.3　参建单位应根据安全生产标准化管理体系的自评结果和安全生产预测预警系统所反映的趋势，以及绩效评定情况，客观分析企业安全生产标准化管理体系的运行质量，及时调整完善相关制度文件和过程管控，持续改进，不断提高安全生产绩效

附录2　杨房沟水电EPC项目安全生产责任负面清单

1．制度化管理

序号	项目	责任内容	责任单位	依据
1.1	一般规定	（1）从事建筑活动应当遵守法律、法规，不得损害社会公共利益和他人的合法权益。任何单位和个人都不得妨碍和阻挠依法进行的建筑活动。 建设单位不得以任何理由，要求总承包单位或者建筑施工企业在工程设计或者施工作业中，违反法律、行政法规和建筑工程质量、安全标准，降低工程质量。 总承包单位对设计文件选用的建筑材料、建筑构配件和设备，不得指定生产厂、供应商。 （2）生产经营单位应当具备本法和有关法律、行政法规和国家标准或者行业标准规定的安全生产条件；不具备安全生产条件的，不得从事生产经营活动。 不符合有关法律、法规和国家标准或者行业标准规定的安全生产条件的，不得批准或者验收通过	（1）建设单位。 （2）各参建单位	（1）《中华人民共和国建筑法》第五条、第五十四条、第五十七条。 （2）《中华人民共和国安全生产法（2014）》第十七条、第六十条

续表

序号	项目	责任内容	责任单位	依据
1.2	权益管理	（1）建设单位及其工作人员在建筑工程发包中不得收受贿赂、回扣或者索取其他好处。总承包单位及其工作人员不得利用向发包单位及其工作人员行贿、提供回扣或者给予其他好处等不正当手段承揽工程。 （2）生产经营单位不得因安全生产管理人员依法履行职责而降低其工资、福利等待遇或者解除与其订立的劳动合同。 生产经营单位不得以任何形式与从业人员订立协议，免除或者减轻其对从业人员因生产安全事故伤亡依法应承担的责任。 （3）按照国家有关安全生产费用投入和使用管理规定，电力建设工程概算应当单独计列安全生产费用，不得在电力建设工程投标中列入竞争性报价。 （4）建设单位的项目管理。建设单位应当加强工程总承包项目全过程管理，督促工程总承包企业履行合同义务。建设单位根据自身资源和能力，可以自行对工程总承包项目进行管理，也可以委托项目管理单位，依照合同对工程总承包项目进行管理。项目管理单位可以是本项目的可行性研究、方案设计或者初步设计单位，也可以是其他工程设计、施工或者监理等单位，但项目管理单位不得与工程总承包企业具有利害关系	（1）建设单位、总承包单位。 （2）各参建单位。 （3）总承包单位。 （4）建设单位	（1）《中华人民共和国建筑法》第十七条。 （2）《中华人民共和国安全生产法（2014）》第二十三条、第四十九条。 （3）《电力建设工程施工安全监督管理办法》（国家发改委令第28号）第六条。 （4）《住房城乡建设部关于进一步推进工程总承包发展的若干意见》（建市〔2016〕93号）第五款
1.3	规章制度	（1）建筑施工企业和作业人员在施工过程中，应当遵守有关安全生产的法律、法规和建筑行业安全规章、规程，不得违章指挥或者违章作业。作业人员有权对影响人身健康的作业程序和作业条件提出改进意见，有权获得安全生产所需的防护用品。作业人员对危及生命安全和人身健康的行为有权提出批评、检举和控告。 总承包单位对设计文件选用的建筑材料、建筑构配件和设备，不得指定生产厂、供应商。 （2）产经营单位不得使用应当淘汰的危及生产安全的工艺、设备。 生产、经营、储存、使用危险物品的车间、商店、仓库不得与员工宿舍在同一座建筑物内，并应当与员工宿舍保持安全距离。 生产经营单位不得将生产经营项目、场所、设备发包或者出租给不具备安全生产条件或者相应资质的单位或者个人。 生产经营单位不得因从业人员对本单位安全生产工作提出批评、检举、控告或者拒绝违章指挥、强令冒险作业而降低其工资、福利等待遇或者解除与其订立的劳动合同。 生产经营单位不得因从业人员在前款紧急情况下停止作业或者采取紧急撤离措施而降低其工资、福利等待遇或者解除与其订立的劳动合同。 （3）建设单位不得对勘察、设计、施工、工程监理等单位提出不符合建设工程安全生产法律、法规和强制性标准规定的要求，不得压缩合同约定的工期。 建设单位不得明示或者暗示总承包单位购买、租赁、使用不符合安全施工要求的安全防护用具、机械设备、施工机具及配件、消防设施和器材	（1）各参建单位。 （2）总承包单位。 （3）建设单位	（1）《中华人民共和国建筑法》第四十七条、第五十七条。 （2）《中华人民共和国安全生产法（2014）》第三十五条、第三十九条、第四十六条、第五十一条、第五十二条。 （3）《建设工程安全生产管理条例》（国务院令第393号）第五条、第九条

2. 安全生产投入

序号	项目	责任内容	责任单位	依据
2.1	费用管理	未按照有关规定保证安全生产所必需的资金投入，导致产生重大安全隐患的，依照《中国共产党纪律处分条例》第一百三十三条规定处理	各参建单位	《安全生产领域违纪行为适用〈中国共产党纪律处分条例〉若干问题的解释》（中纪发〔2007〕17号）第八条
2.2	安全生产投入	（1）总承包单位对列入建设工程概算的安全作业环境及安全施工措施所需费用，应当用于施工安全防护用具及设施的采购和更新、安全施工措施的落实、安全生产条件的改善，不得挪作他用。 （2）按照国家有关安全生产费用投入和使用管理规定，电力建设工程概算应当单独计列安全生产费用，不得在电力建设工程投标中列入竞争性报价。根据电力建设工程进展情况，及时、足额向参建单位支付安全生产费用	总承包单位	（1）《建设工程安全生产管理条例》（国务院令第393号）第二十二条。 （2）《电力建设工程施工安全监督管理办法》（2015年发改委令第28号）第六条

3. 发包管理

序号	项目	责任内容	责任单位	依据
3.1	发包管理	（1）严禁使用不具备国家规定资质和安全生产保障能力的承包商和分包商。 （2）建设单位应当履行工程分包管理责任，严禁总承包单位转包和违法分包，将分包单位纳入工程安全管理体系，严禁以包代管	建设单位	（1）《中央企业安全生产禁令》（国资委令第24号）第二条。 （2）《电力建设工程施工安全监督管理办法》（2015年发改委令第28号）第十二条
3.2	分包管理	（1）提倡对建筑工程实行总承包，禁止将建筑工程肢解发包。建筑工程的发包单位可以将建筑工程的勘察、设计、施工、设备采购一并发包给一个工程总承包单位，也可以将建筑工程勘察、设计、施工、设备采购的一项或者多项发包给一个工程总承包单位；但是，不得将应当由一个承包单位完成的建筑工程肢解成若干部分发包给几个承包单位。 禁止承包单位将其承包的全部建筑工程转包给他人，禁止承包单位将其承包的全部建筑工程肢解以后以分包的名义分别转包给他人。 建筑工程总承包单位可以将承包工程中的部分工程发包给具有相应资质条件的分包单位；但是，除总承包合同中约定的分包外，必须经建设单位认可。施工总承包的，建筑工程主体结构的施工必须由总承包单位自行完成。建筑工程总承包单位按照总承包合同的约定对建设单位负责；分包单位按照分包合同的约定对总承包单位负责。总承包单位和分包单位就分包工程对建设单位承担连带责任。禁止总承包单位将工程分包给不具备相应资质条件的单位。禁止分包单位将其承包的工程再分包。 （2）应当将电力建设工程发包给具有相应资质等级的单位，禁止中标单位将中标项目的主体和关键性工作分包给他人完成。 （3）工程总承包项目严禁转包和违法分包。工程总承包企业应当加强对分包的管理，不得将工程总承包项目转包，也不得将工程总承包项目中设计和施工业务一并或者分别分包给其他单位。工程总承包企业自行实施设计的，不得将工程总承包项目工程主体部分的设计业务分包给其他单位。工程总承包企业自行实施施工的，不得将工程总承包项目工程主体结构的施工业务分包给其他单位。 （4）分包方禁止将所承包的工程进行转包或违规分包。 （5）分包人不得将分包的全部工程再行转包。 （6）总承包单位不得将承包的工程对外转包，也不得以肢解方式将承包的全部工程对外分包	总承包单位	（1）《中华人民共和国建筑法》第二十四条、第二十八条、第二十九条。 （2）《电力建设工程施工安全监督管理办法》（2015年发改委令第28号）第七条（一）。 （3）《住房城乡建设部关于进一步推进工程总承包发展的若干意见》（建市〔2016〕93号）第十条。 （4）《电力工程建设项目安全生产标准化规范及达标评级标准（试行）》（电监安全〔2012〕39号）。 （5）《建设项目工程总承包管理规范》(GB/T 50358—2017) 16.3.5。 （6）《建设项目工程总承包合同示范文本》（GF－2011－0216）3.8.3。 （7）《中华人民共和国安全生产法（2014）》不得把场地长期分包

4. 教育培训

序号	项目	责任内容	责任单位	依据
4.1	教育培训管理	（1）建筑施工企业应当建立健全劳动安全生产教育培训制度，加强职工安全生产的教育培训；未经安全生产教育培训的人员，不得上岗作业。 （2）生产经营单位应当对从业人员进行安全生产教育和培训，保证从业人员具备必要的安全生产知识，熟悉有关的安全生产规章制度和安全操作规程，掌握本岗位的安全操作技能，了解事故应急处理措施，知悉自身在安全生产方面的权利和义务。未经安全生产教育和培训合格的从业人员，不得上岗作业。 （3）安全生产教育培训考核不合格的人员，不得上岗。 （4）严禁未经安全培训教育并考试合格的人员上岗作业。 （5）未按规定进行安全生产教育和培训并经考核合格，允许从业人员上岗，致使违章作业的，依照《中国共产党纪律处分条例》第一百三十三条规定处理	各参建单位	（1）《中华人民共和国建筑法》第四十六条。 （2）《中华人民共和国安全生产法（2014）》第二十五条。 （3）《建设工程安全生产管理条例》（国务院令第393号）第三十六条。 （4）《中央企业安全生产禁令》（国资委令第24号）第八条。 （5）《安全生产领域违纪行为适用〈中国共产党纪律处分条例〉若干问题的解释》（中纪发〔2007〕17号）第六条

5. 监督与考核

序号	项目	责任内容	责任单位	依据
5.1	监督检查	（1）监理单位不按照委托监理合同的约定履行监理义务，对应当监督检查的项目不检查或者不按照规定检查，给建设单位造成损失的，应当承担相应的赔偿责任，工程监理单位不得转让工程监理业务。 （2）负有安全生产监督管理职责的部门对涉及安全生产的事项进行审查、验收，不得收取费用；不得要求接受审查、验收的单位购买其指定品牌或者指定生产、销售单位的安全设备、器材或者其他产品。 生产经营单位对负有安全生产监督管理职责的部门的监督检查人员（以下统称安全生产监督检查人员）依法履行监督检查职责，应当予以配合，不得拒绝、阻挠	监理单位	（1）《中华人民共和国建筑法》第三十五条。 （2）《中华人民共和国安全生产法（2014）》第六十一条、第六十三条
5.2	考核	危险物品的生产、经营、储存单位以及矿山、金属冶炼、建筑施工、道路运输单位的主要负责人和安全生产管理人员，应当由主管的负有安全生产监督管理职责的部门对其安全生产知识和管理能力考核合格。考核不得收费	监理单位	《中华人民共和国安全生产法（2014）》第二十四条

6. 施工设施与设计管理

序号	项目	责任内容	责任单位	依据
6.1	设计	（1）涉及建筑主体和承重结构变动的装修工程，建设单位应当在施工前委托原总承包单位或者具有相应资质条件的总承包单位提出设计方案；没有设计方案的，不得施工。 建筑施工企业对工程的施工质量负责。建筑施工企业必须按照工程设计图纸和施工技术标准施工，不得偷工减料。工程设计的修改由原总承包单位负责，建筑施工企业不得擅自修改工程设计。 （2）严禁违反程序擅自压缩工期、改变技术方案和工艺流程。 （3）为了保证建设工程设计质量，国家对从事建设工程设计活动的企业实行资质管理制度。总承包单位应当在其资质等级许可的范围内承揽建设工程勘察、设计业务。《建设工程勘察设计管理条例》明确规定：禁止总承包单位超越其资质等级许可的范围或者以其他总承包单位的名义承揽建设工程设计业务。禁止总承包单位允许其他单位或者个人以本单位的名义承揽建设工程设计业务	（1）建设单位。 （2）总承包单位	（1）《中华人民共和国建筑法》第四十九条、第五十八条。 （2）《中央企业安全生产禁令》（国资委令第24号）第五条。 （3）《建设项目工程总承包管理规范》（GB 50358—2017）6.1.1
6.2	施工设施	（1）建设行政主管部门在审核发放施工许可证时，应当对建设工程是否有安全施工措施进行审查，对没有安全施工措施的，不得颁发施工许可证；建设行政主管部门或者其他有关部门对建设工程是否有安全施工措施进行审查时，不得收取费用。 （2）安全设施和职业病防护设施不应随意拆除、挪用或弃置不用；确因检维修拆除的，应采取临时安全措施，检维修完毕后立即复原。 （3）现场设置的各种安全设施严禁挪动或移作他用	（1）行政部门。 （2）总承包单位	（1）《建设工程安全生产管理条例》（国务院令第393号）第四十二条。 （2）《企业安全生产标准化基本规范》（GB/T 33000—2016）5.4.1.3。 （3）《电力工程建设项目安全生产标准化规范及达标评级标准（试行）》（电监安全〔2012〕39号）5.7.1.4

7. 总承包管理

序号	项目	责任内容	责任单位	依据
7.1	施工设备及材料	（1）按照合同约定，建筑材料、建筑构配件和设备由工程承包单位采购的，发包单位不得指定承包单位购入用于工程的建筑材料、建筑构配件和设备或者指定生产厂、供应商。 （2）工程监理单位与被监理工程的承包单位以及建筑材料、建筑构配件和设备供应单位不得有隶属关系或者其他利害关系。 （3）施工起重机械和整体提升脚手架、模板等自升式架设设施的使用达到国家规定的检验检测期限的，必须经具有专业资质的检验检测机构检测。经检测不合格的，不得继续使用。 （4）严禁使用未经检验合格、无安全保障的特种设备	（1）建设单位。 （2）监理单位。 （3）总承包单位	（1）《中华人民共和国建筑法》第二十五条。 （2）《中华人民共和国建筑法》第三十四条。 （3）《建设工程安全生产管理条例》（国务院令第393号）第十八条。 （4）《中央企业安全生产禁令》（国资委令第24号）第六条

续表

序号	项目	责任内容	责任单位	依据
7.2	作业安全	受限空间作业。根据工程进展情况，辨识受限空间、公示、采取隔离措施，无关人员禁止入内；在金属容器内不得同时进行电焊、气焊或气割工作。 厂内交通安全。现场专用机动车辆行驶时，驾驶室外及车厢外不得载人；定期对机动车辆检测和检验，保证机动车辆车况良好；严禁报废车辆在场区内使用。 高边坡与基坑作业。自上而下清理坡顶和坡面松碴、危石、不稳定物体，不在松碴、危石、不稳定物体上或下方作业。 高处作业。施工作业场所有坠落可能的物件应固定牢固，无法固定的应放置安全处或先行清除；严禁高空抛掷物件。 交叉作业。交叉作业时，工具、材料、边角余料等严禁上下投掷，应用工具袋、箩筐或吊笼等吊运。严禁在吊物下方接料或逗留。 起重作业。严禁以运行的设备、管道以及脚手架、平台等作为起吊重物的承力点；利用构筑物或设备的构件作为起吊重物的承力点时，应经核算。 恶劣气候或因照明不足，不得进行起重作业；当风力达到六级及以上时，不得进行起吊作业。 张力架线作业。牵引机、张力机严禁超速、超载、超温、超压以及带故障运行。 临近带电体作业。当与带电线路和设备的作业距离不能满足最小安全距离的要求时，必须向有关电力部门申请停电，否则严禁作业。 水上作业。遇到六级及以上强风等恶劣天气不进行水上作业，暴风雪和强台风后全面检查，消除隐患	总承包单位	《电力工程建设项目安全生产标准化规范及达标评级标准（试行）》（电监安全〔2012〕39号）

8. 隐患排查与治理

序号	项目	责任内容	责任单位	依据
8.1	隐患排查	拒绝执法人员进行现场检查或者在被检查时隐瞒事故隐患，不如实反映情况的，依照《中国共产党纪律处分条例》第一百三十三条规定处理	各参建单位	《安全生产领域违纪行为适用〈中国共产党纪律处分条例〉若干问题的解释》（中纪发〔2007〕17号）第八条

续表

序号	项目	责任内容	责任单位	依据
8.2	隐患处理	对存在的重大安全隐患，未采取有效措施的，依照《中国共产党纪律处分条例》第一百三十三条规定处理	各参建单位	《安全生产领域违纪行为适用〈中国共产党纪律处分条例〉若干问题的解释》（中纪发〔2007〕17号）第六条

9. 事故报告与处理

序号	项目	责任内容	责任单位	依据
9.1	事故调查与处理	生产经营单位发生生产安全事故时，单位的主要负责人应当立即组织抢救，并不得在事故调查处理期间擅离职守。 生产经营单位发生生产安全事故后，事故现场有关人员应当立即报告本单位负责人。 单位负责人接到事故报告后，应当迅速采取有效措施，组织抢救，防止事故扩大，减少人员伤亡和财产损失，并按照国家有关规定立即如实报告当地负有安全生产监督管理职责的部门，不得隐瞒不报、谎报或者迟报，不得故意破坏事故现场、毁灭有关证据。 负有安全生产监督管理职责的部门接到事故报告后，应当立即按照国家有关规定上报事故情况。负有安全生产监督管理职责的部门和有关地方人民政府对事故情况不得隐瞒不报、谎报或者迟报。 任何单位和个人不得阻挠和干涉对事故的依法调查处理	各参建单位	《中华人民共和国安全生产法（2014）》第四十七条、第八十条、第八十一条、第八十五条

参 考 文 献

[1] YIU N S，CHAN D W，SHAN M，et al. Implementation of safety management system in managing construction projects：Benefits and obstacles [J]. Safety Science，2019，117：23 - 32.

[2] 祝振兴. 提升 EPC 工程总承包项目管理水平的措施探讨 [J]. 水泥工程，2020（S1）：1 - 7.

[3] 史钟，杨超越. 以设计为龙头的工程总承包项目安全管理要点 [J]. 建筑设计管理，2019，36（10）：37 - 40.

[4] SU Y，MAO C，JIANG R，et al. Data - Driven Fire Safety Management at Building Construction Sites：Leveraging CNN [J]. Journal of Management in Engineering，2021，37（2）：4020108.

[5] ALKAISSY M，ARASHPOUR M，ASHURI B，et al. Safety management in construction：20 years of risk modeling [J]. Safety Science，2020，129：104805.

[6] 王胜江，冀永进. 企业安全生产责任制的建立与落实研究 [J]. 中国安全科学学报，2009，19（4）：44 - 49.

[7] 刘军，强茂山，郑俊萍，等. EPC 模式在水电行业的应用现状——基于杨房沟项目的分析 [J]. 水力发电，2019，45（5）：108 - 112.

[8] 吴怿哲，雷博龙. EPC 工程总承包项目安全管理的侧重与实施策略 [J]. 工程建设与设计，2017（1）：158 - 161.

[9] 陈雁高，徐建军，唐孝林，等. 杨房沟水电站 EPC 总承包管理实践 [J]. 人民长江，2018，49（24）：12 - 16.

[10] GALLOWAY P. Design - build/EPC contractor's heightened risk—Changes in a changing world [J]. Journal of Legal Affairs and Dispute Resolution in Engineering and Construction，2009，1（1）：7 - 15.

[11] 王亚军，查麟，吴月泉. 浅谈工程项目施工过程中的安全管理 [J]. 中国安全生产科学技术，2008（2）：122 - 124.

[12] GONG P，ZENG N，YE K，et al. An empirical study on the acceptance of 4D BIM in EPC projects in China [J]. Sustainability，2019，11（5）：1316.

[13] ZHU Z，YUAN J，SHAO Q，et al. Developing Key Safety Management Factors for Construction Projects in China：A Resilience Perspective [J]. International Journal of Environmental Research and Public Health，2020，17（17）：6167.

[14] 郭海红. 浅谈设计院 EPC 总承包项目现场的安全管理 [J]. 武汉大学学报（工学版），2017（S1）：541 - 544.

[15] KASSEM M A，KHOIRY M A，HAMZAH N. Theoretical review on critical risk factors in oil and gas construction projects in Yemen [J]. Engineering，Construction and

Architectural Management，2020.

[16] 栾德跃．电力工程 EPC 总承包项目风险管理办法 [J]. 价值工程，2016，35 (24)：74 -75.

[17] GAO J，REN H，CAI W. Risk assessment of construction projects in China under traditional and industrial production modes [J]. Engineering，Construction and Architectural Management，2019.

[18] 李树谦．EPC 项目施工安全评价应用研究 [J]. 工业安全与环保，2011，37 (4)：59 - 61.

[19] 安明泉．海底管道 EPC 工程现场风险半定量评估方法实践研究 [J]. 中国安全生产科学技术，2016，12 (S1)：145 - 153.

[20] 徐过．基于系统动力学的海外 EPC 工程风险评估研究——以乍得拉尼亚油田建设 EPC 工程项目为例 [J]. 中国安全生产科学技术，2019，15 (S2)：52 - 57.

[21] AHN H，SON S，PARK K，et al. Cost Assessment Model for Sustainable Health and Safety Management of High－rise Residential Buildings in Korea [J]. Journal of Asian Architecture and Building Engineering，2021.

[22] TOUTOUNCHIAN S，ABBASPOUR M，DANA T，et al. Design of a safety cost estimation parametric model in oil and gas engineering，procurement and construction contracts [J]. Safety Science，2018，106：35 - 46.

[23] 杨增杰，张清振，刘健华，等．国际水电 EPC 项目设计风险管理研究 [J]. 项目管理技术，2019，17 (1)：36 - 43.

[24] WANG T，TANG W，DU L，et al. Relationships among risk management，partnering，and contractor capability in international EPC project delivery [J]. Journal of Management in Engineering，2016，32 (6)：4016017.

[25] 熊彬臣．联营体模式下国际工程 EPC 项目安全管理研究 [J]. 建筑经济，2019，40 (12)：27 - 30.

[26] YANG Y，TANG W，SHEN W，et al. Enhancing risk management by partnering in international EPC projects：Perspective from evolutionary game in chinese construction companies [J]. Sustainability，2019，11 (19)：5332.

[27] 陈玉宇，赵正祥．国际总承包工程安全管理影响因素和管理方法 [J]. 国际经济合作，2010 (8)：53 - 58.